JN222291

集まれ！
設計1年生

技術士（機械部門）
しぶちょー
谷津祐哉 著

はじめての締結設計

日刊工業新聞社

はじめに

本書は、物と物をつなげる技術「締結」に関して、誰にでもわかりやすく解説した本です。機械設計をこれから始めたいという人が最初に読む本、という前提で執筆しています。具体的には、機械設計職に従事し始めた新人技術者や、機械を設計したい工学系の学生などが対象です。また、もし機械設計を始めたい主婦のかたでも、安心して読み進められるよう徹底的にかみ砕いて説明しています。

この本を読むことで理解できる技術は、タイトルにもあるように締結です。物と物をくっつける技術を少しだけ理解し、それなりに「使えるようになる」ことが、この本の存在意義です。半端な本だと思っていただいて構いません。でも、この「半端」にこそ価値があると私は思っています。「締結が重要である」と知ることが第一歩なのです。

どれほど立派に見えるものでも、分解していけば小さな要素の組み合わせです。もっとも身近な機械である自動車であっても、約3万点の部品が締結された「塊」といえます。もっと広く捉えれば、我々の身体も約37兆個の小さな細胞がくっついて成り立っている塊です。人生だってそうですよ、小さな経験をコツコツと積み重ねていって、初めて実力がついたり、成功するわけじゃないですか。一つ一つは小さくても、それをつなげていくことで形や意味が生まれて、大きなものを作り上げたり成し遂げたりできるわけです。だからこそ、小さいもの一つ一つを“つなげる”技術こそが大切なのです。逆に、つなげることをおろそかにしたら、何も成り立ちません。ある日突然、身体が約37兆個の細胞に分解されてしまったら嫌でしょ？（嫌なんてもんじゃない！）ちゃんとつなげるっていうのはとても大切なんです。

やや話を広げ過ぎたので機械の話に戻します。機械において、物と物を正しくつなげる技術が締結です。機械設計における基礎ともいえる部分なのですが、この締結を勉強しようと思ったら、意外と厄介な問題に突き当たります。それは、参考資料が少ないことです。

少し私の経験をお話しましょう。私が生まれて初めて機械を設計したのは大学生のころでした。チームを組んで、とあるテーマに沿った1台のロボットを半年間かけて設計・製作するという授業です。機械好きが高じて工学系の分野に進んだ私は、率先して機械設計担当に立候補し、無事にそのポジションをゲットすることができました。今まで学んできた機械の知識を総動員して、すごい機械を作ってやるぜ。ここからが俺の機械設計伝説の幕開けだ！！

そう意気込んで設計に取り組んだ矢先、思わぬところでつまずきました。ロボットの動力も部品の形も決まった、でもどうしても決まらないものがあったのです。それがねじの本数です。2つの部品があったとき、どこを何本のねじで固定するのがベストなのか。ねじの大きさはどれがいいのか。選べる選択肢があまりにも多すぎて、まったく決めることができませんでした。決めるための計算式か何かがあるはずだと思い、図書館でねじ関連の本を読み漁りましたが、ここでも思わぬ障壁が。ねじの本はとにかく小難しい。知りたいのはねじの本数の決め方なのに、ねじの原理や理論式ばかり。結局、欲しかった情報は手に入らず、手ぶらで帰宅しました。

結局、他の機械を参考に見よう見まねで、「大体このくらいかな」とサイズやねじの箇所を決めました。それでも特に問題はなくロボットは動いたので、一安心。でも、「この締結で本当によかったのか？」というもやもやは残ったままでした。そこから社会人になり、産業機械の設計に携わることになりますが、設計実務をこなすなかで、ようやく締結について少しずつ分かってきました。世の中には経験に基づく「ノウハウ」というものが存在します。この場合はこうしたほうがいい、そういった技術的な知識が存在しているのです。そしてそんなノウハウたちは、アカデミックな理論とはいったん、切り離されて存在しています。学術書を読んでも、あまり具体的なことは書いていないのです。

そんな経験を元に、大学生のころの自分が読みたかった締結の本としてこの本を執筆しました。したがって、半端な本ですが、誰でもわかる優しい本なのです。設計を知らない人でも、これを読めば締結を知って勉強できる。締結のすべてはわからなくても、何を勉強すべきかがわかる。それが、この本の狙いです。この本も、みなさんにとっては一つの小さな小さな要素でしかありません。ですが、本書で得た知識を自身の経験に繋ぐことで、読者のみなさまが技術者として少しでも成長していただければと願っています。

2024年11月

谷津 祐哉（しぶちょー）

集まれ！設計１年生 はじめての締結設計

目　次

第3章
教えて！ ピンの設計

教えて！ リベット締結の設計

第5章

教えて！ 軸の締結

第6章 気をつけたい！ 締結の失敗事例と対処策

コラム

締結って何だろう？

1.1 締結って何だろう？

みなさんは、機械を分解したことがありますか。私は幼いころ、よく自転車を分解しては元に戻せなくなって困り果てたものです。自転車に限らず、ラジオやゲーム機、原付なども好奇心から分解してきました。あらゆるモノを分解して気づくのは、部品の形のシンプルさです。一見すると複雑怪奇な機械であっても、分解してみると一つ一つの部品は意外とシンプルな形をしているのです。我々の身体が小さな細胞の組み合わせでできているのと同じように、機械もさまざまな小さな部品が組み合わさることで、一つの機械として成り立っています。そして、そんな部品同士をつなぎ合わせているのが、本書のメインテーマである「締結」の役割です。

物同士をつなぎ合わせる方法としては、接着もありますよね。壊れたものを瞬間接着剤でくっつけて直した経験や、接着剤が指について指同士がくっついてしまった経験、誰しもあるでしょう。では、締結と接着の違いは何でしょうか。締結を辞書で調べると、「かたくしめてむすぶこと」と出てきます。読んで字のごとく、「締めて結ぶ」のが締結です。「結ぶ」ということは、つまり「ゆるめられる」ということです。ここが接着と締結の大きな違いです。接着は剥がさないことを前提としている一方、締結は取り外しが前提にあります。そのおかげで、我々は機械を分解してメンテナンスしたり、組み直したりできるのです（**図1.1.1**）。

「締結」という言葉は、もの以外にも条約や契約などを結ぶときにも使われますよね。こういった契約も双方の同意があれば破棄することができます。部品の締結もしかり、締結を解いたり、再度締結したりすることができるわけです。契約を締結する際は、約束事を記した契約書が取り交わされますよね。部品の締結では契約書はありませんが、その代わりに締結部品が用いられます。締結部品ごとに締結に関する約束事が決められており、それを守れなかった場合、締結が失敗してしまうことがあります。そういう意味では、契約の締結も部品の締結も同じだと言えるでしょう（**図1.1.2**）。締結の際の約束事には、契約者（技術者）がしっかり目を通して理解しておくことが大切です。適当に締結してしまったら、思わぬトラブルを抱えることになるかもしれませんよ！

図1.1.1　締結と接着の違い

図1.1.2　これも締結……？

- 機械を分解すると部品は意外とシンプル！
- 締結は「結ぶこと」で、接着とは違い取り外せる！
- 契約も締結も、約束守らないとトラブルになるかも！

1.2 身の回りの締結を見てみよう

締結に用いられる部品は、もっとも身近な機械要素部品といっても過言ではありません。少し意識してみるだけで、身の回りであらゆる「締結」が見つかるでしょう。本書では、締結要素を身の回りの例に沿って紹介します。

ねじ（第二章）

締結と言えば、これ。KING OF TEIKETSU、それがねじです（**図1.2.1**）。ねじを知らない人はさすがにいないでしょう。今、みなさんの身の回りにあるものを何か一つ手に取って、ねじを探してみましょう。パソコンでもマウスでも、座っている椅子でも、必ずねじは見つかります。それほど広く使われている締結です。しかし、ねじのすべてを知っている人もまたいないでしょう。ねじの世界は、それほど奥深いのです。

ピン（第三章）

あまりピンとこないかもしれませんが、ピンも締結部品の一つです（**図1.2.2**）。ピンは一見するとただの金属の棒ですが、ねじの手助けをしたり、ピン自体で締結を行ったりもします。身近なピンを探そうと思ったら、もっとも見つけやすいのはドアのヒンジでしょう。ドアが外れないように、かつヒンジを中心に回転して開閉できるように支えてくれています。

リベット（第四章）

専用の部品（リベット）を変形させることで締結を行うのがリベット締結です（**図1.2.3**）。あまり身の回りにはないように思えますが、ジーンズや皮製品などに使われることが多いので、知らず知らずのうちにリベット締結を持ち歩いているかもしれません。実はねじよりも身近、それがリベットです。

軸の締結（第五章）

軸と軸を繋ぐ技術で、カップリングとも呼ばれます（**図1.2.4**）。こればかりは目に見える身近なところにはありません。基本的にはモーターなどがある動力部の軸の締結に使われるため、目に見えていたら危険なので隠されています。逆に言えば、モーターがあるところにはカップリングがあります。モーターのある機械には、必ず軸の締結が使われていると考えてよいでしょう。

図 1.2.1　身の回りのねじ

図 1.2.2　身の回りのピン

図 1.2.3　身の回りのリベット

図 1.2.4　見えないところにある軸の締結

- ねじは締結部品の王様。どこにでもある！
- ピンやリベットも意外と身近にある締結！
- 軸の締結はモーターの陰の立役者。見えないけど重要！

1.3 締結はなぜ大切なのか？

締結は設計の基本です。野球で言えば素振り、サッカーで言えばドリブルくらい基本です。基本がしっかりと固まっていなければ、上達は望めませんよね。技術の世界でも同じで、締結がしっかりと設計できなければ、何を作っても上手くいきません。どれだけ精密で高性能な部品を設計しても、それをしっかりと繋げられなければ、すべてが無駄になります。「画竜点睛を欠く」ということわざのとおり、締結のミス一つで機械はダメになってしまいます。その機械だけが壊れるならまだしも、多くの人を巻き込む事故にも発展しかねません。

2007年には、ねじの疲労破壊でジェットコースターが脱線し、1名が亡くなり、多数の負傷者を出す事故がありました。私はその時、工業高校に通っており、ねじ1本の破損でなんと恐ろしいことが起きるのかと思った記憶があります。2012年にはトンネルの天井が崩落するという事故があり、これもまた、天井板を支えるボルトの強度不足や点検・維持管理の不十分さが原因とされています。また、海外の事例に目を向ければ、締結方法を変えたことでビル内の通路全体が崩落し、多くの死傷者を出した事故もあります（**図1.3.1**）。

このように、一歩間違えば大きな事故に繋がるのが締結のミスです。上述の締結の不具合に共通しているのは、時間が経ってから発生するという点です。締結のミスは、まるで時限爆弾のように機械の中でその時を待っています。

そう聞くと、締結を設計するのが急に怖くなるかもしれませんが、心配は無用です。我々には先人たちが失敗の末に体系化してくれた締結の知識があります。それをしっかり学び、締結の基礎を理解することが本書の目的です。もちろん、本書だけで締結のすべてを理解することはできません。ねじに関する本だけでも何十冊も専門書が出ていますからね。しかし、自分が締結を設計するうえで何を学ぶべきか、その視点は身につくはずです。ぜひ、設計の素振りだと思って本書を読み進めてください（**図1.3.2**）。

図 1.3.1　締結のミスは思わぬ事故につながる

図 1.3.2　締結と素振り

- 締結は設計の基本中の基本！　まるで素振りやドリブル！
- ミスった締結は時限爆弾。事故を引き起こす恐れあり！
- 失敗から学んだ知識を使って、基礎を固めよう！

1.4 歴史に見る締結の進化

ここいらで締結技術の歴史を振り返ってみましょう（**図1.4.1**）。締結技術の誕生は古代文明にまで遡ります。たとえば、古代エジプトやメソポタミアでは建築物の石材を固定するためにクサビや木のピンが使われていました。日本の歴史的な木造建築物でも、クサビやほぞ溝などが多く使われています。穴や溝に部品をはめ込み、クサビで固定する。これが締結技術の始まりでした。

中世に入ると、人々は「金属」を扱うようになります。同時に金属加工技術も発展し、鉄製のピンが作られるようになりました。ルネサンス期にはさらに技術が進化し、とうとう金属製のボルトやナットも製造され始めます。ただし、現在のような規格は定まっておらず、みなが好き勝手なサイズでボルトやナットを製作していました。そのため、1つのボルトが入るのは世界でその穴だけといった具合で、互換性が全くありませんでした。

そこから大きな発展を遂げるのが、18世紀後半から19世紀にかけて起こった産業革命です。機械加工技術の発展により、ボルトの標準化が行われ、世界でボルトのサイズの統一が進みました。標準化により、部品が互換性を持ち、壊れた部品を容易に交換・修理できるようになりました。これによって、あらゆる機械が爆発的な発展を遂げました。標準化は、現在も続く国際的な規格の基礎を築きました。20世紀に入ると、さらなる高精度・高強度の締結が求められるようになり、材料や表面処理技術が発展します。航空宇宙産業向けの特殊用途のボルトやリベットも開発され、高温や高圧下の環境でも使える締結も登場しました。そして、現在も新しい締結技術は日々、研究されています。

現代ではパソコンやスマートフォン、さらにはAIなどIT技術を駆使した技術が目まぐるしい発展を遂げています。そんな中でも、「ここ1000年での最大の発明はねじである」と言われています。歴史的な発明は星の数ほどありますが、もっとも大きな発明は締結技術のねじです。考え方は人それぞれですが、私もこの意見には同感です。最大の発明であるねじ、締結技術。そんな素晴らしい技術を学ばない手はありません。温故知新、古きを知り、新しきを学びましょう。

この部分がくさび

クサビによる締結

ねじの誕生

規格化による互換性の確保、大量生産

新材料のねじの開発、
技術の進化は日進月歩

図1.4.1　締結の進化の過程

- 締結技術の始まりはクサビや木のピン、古代から！
- 産業革命でボルトの規格が統一。機械の発展を加速！
- ねじは「ここ1000年で最大の発明」。現代でも超重要！

1.5 さあ、締結の世界に飛び込もう！

みなさんは「産業の塩」という言葉を聞いたことがありますか？　これは何のことかといえば、ねじのことです（**図1.5.1**）。塩といえば、料理に欠かせないのはもちろん、保存食に用いられるなど、生活必需品として重視されてきました。「敵に塩を送る」という言葉もありますが、これは戦国時代の武将である上杉謙信が、敵将・武田信玄の領国が塩不足に苦しんでいると知り、敵でありながら塩を送ったという故事に由来します（**図1.5.2**）。塩の話はさておき、ねじは産業にとって“塩”のように重要だということです。

それだけ大事だと言われながらも、締結だけを体系的に学ぶ機会はそう多くはありません。製造業の現場では、教育としてOJT（On the Job Training）が行われます。これは、先輩社員などの教育係が業務に必要な知識やスキルを、実際の仕事を通じて新人に伝える方法です。当然、締結についてもこのOJTの中で学ぶことになりますが、OJTでは、「こういう場合はこういう締結にする」という社内の具体的な事例を知るだけで、「なぜその締結を選ぶのか、なぜその形なのか」については言及されないことが多いです。自分の業務を振り返って、ギクッと思った人もいるのではないでしょうか。それではいけません。設計はすべて理由をもって決めねばなりません。同じ締結を選ぶにしても、選んだ理由が言えるかどうかで、技術者としての力量の差が大きくなります。そうなりたい人、またはそういう新人を教育したい人に向けて、締結の技術を知る第一歩としてざっくりまとめたのが本書です。

さて、前置きが長くなりましたが、次の章から具体的な締結の技術の話に入っていきます。なるべく難しい話は省いて、概要が掴めるようにしてあります。また、具体的な設計の場面が思い浮かぶようにいくつか事例も用意してあります。私は敵に塩を送るのではなく、仲間にねじ（を含めた締結全般の知識）を送るつもりで書きましたので、ぜひ私からの“塩”を受け取ってください。

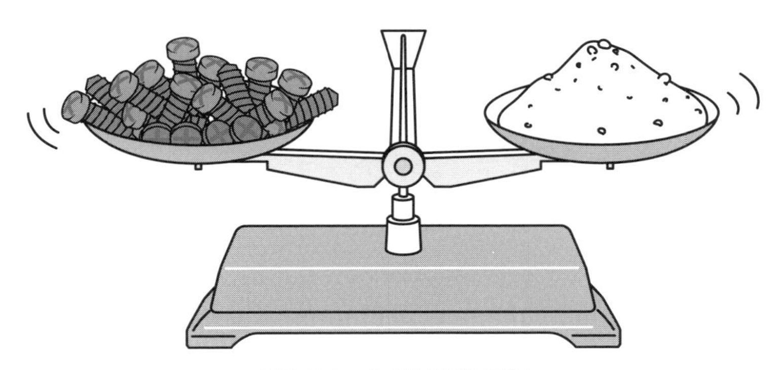

図1.5.1　ねじは産業の塩

図1.5.2　敵に塩を送る、ならぬ仲間にねじを送る

- ねじは「産業の塩」。欠かせない重要パーツ！
- OJTでは締結の「理由」を教わることが少ない！
- この本は、締結技術をざっくり学べる“知識の塩”だぞ！

“超強力”両面テープのネーミングセンス

本書では取り扱いませんが、モノとモノを接合する技術としては接着や溶接なども あります。特に溶接は、金属部品にとっては基本的かつ非常に強力な接合方法です。接着剤での化学的な接着もプラスチック部品では頻繁に用いられます。そして近年、着々とその需要を伸ばしている接合技術があります。それが「両面テープ」です。

私は何の用事もなくホームセンターにふらっと寄ってしまうほどのホームセンター好きですが、ここ数年で「両面テープ」の種類も数もかなり増えた印象があります。漢字三文字「超強力」が共通のスローガンであるかのごとく、同じ謳い文句で店頭に並ぶ両面テープたち……。

「そろいもそろって“超強力”なんて、なんだか胡散臭くてセンスのないネーミングだな」と正直思っていました。しかし、実はこれJISで定義されている呼び方なのです。JIS規格の中には「超強力両面粘着テープ」の規格があります。超強力粘着両面テープとは、「高い接着力をもち、かつ耐熱性にも優れ、結合物などにかかる荷重の一部を負担することができるテープ」と定義されています。さらに、超強力粘着両面テープは1種～3種まで定義されており、それぞれに接着力や保持力の性能仕様が定められています。規格に沿った名前だったんですね。センスがないとか思って、すみませんでした。

ただし、規格の中で名称表記を指定する文言はないため、「超強力」としているのはあくまでも業界の習慣なのでしょう。最近では、「超強力」をさらに超えるような名前のテープもいろいろと出てきました。ここでは記載しませんが、その手の名前は考えればいくらでもアイデアが出てきますね。超超強力、極強力、神強力……とか。今後の両面テープのネーミング争いにも期待です！　みなさんもホームセンターに足を運んでみましょう。

教えて！ねじの設計

2.1 ねじは誰が考えたの？

ねじと聞けば、誰もが思い浮かべるのはあの独特の螺旋形状です。そもそも、あの形状を最初に考えたのは誰なのでしょうか？　これについては諸説ありますが、一説では古代ギリシアの発明家アルキメデスが起源だという説があります。ねじの螺旋形状のもっとも古い活用例は、「アルキメデスポンプ」という、回転させるだけで水をすくい汲み上げる画期的なポンプです（**図2.1.1**）。紀元前の発明であるものの、現代でも多くの機械に応用されています。たとえば、ミキサー車でもコンクリートを流し出すのに活用されています（**図2.1.2**）。

また、運搬以外にもブドウなどの果実を潰してお酒を造ったり、印刷のための活字版を押しつけたりするなど、螺旋の形状を用いて回転の力を押さえつける力に変換する用途でも昔から使用されていたようです。この螺旋形状のヒントになったのは、巻貝の形状や植物のツタであるという説もありますが、真意は定かではありません。とにかく、この螺旋を人間はうまく活用してきたのです。

一方で、この螺旋の形状を「ねじ」として締結に用いるようになるのはもっと後の話です。締結用のねじを考案したのは、有名な芸術家レオナルド・ダ・ヴィンチです。それまで運搬やプレスなどの運動用に用いられてきた螺旋の形状を、部品の締結に使おうと思いつきました。その研究の過程を記したねじや、ねじを製作するためのねじ切り盤のアイデアも、ダ・ヴィンチのスケッチに残っています。しかし、彼の生きた時代はまだ機械加工の技術が未発達であったため、実現には至りませんでした。現在のようにサイズが規格化されたねじが作れるようになったのは、1800年ごろです。「工作機械の父」と呼ばれるイギリスの技術者ヘンリー・モーズリーが、ねじ切り用旋盤の発明に成功し、サイズのそろった精密なねじを大量に作れるようになりました。このねじの大量生産は、産業革命を飛躍的に発展させる引き金となりました。

このように、ねじには誰もが知る歴史上の偉人が多く関わっており、その発展は人類の歴史を動かしてきました。人類史上、もっとも偉大な発明だといっても過言ではない、それがねじなのです。

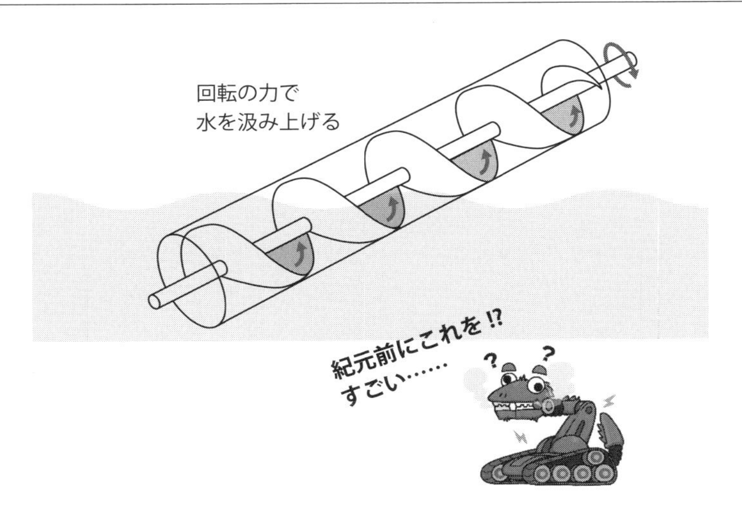

図 2.1.1　アルキメデスポンプ

図 2.1.2　コンクリートミキサー車

- 螺旋形状のルーツは古代ギリシアのアルキメデス！
- ダ・ヴィンチが締結用ねじを考案。当時は実現せず！
- 大量生産が産業革命を加速。ねじは人類史の大発明！

2.2 意外と多いぞ、ねじの役割

ねじと聞くと小さな部品というイメージが強いですが、その役割の広さは業界屈指です。実に守備範囲の広い、優秀な機械要素であり、独特の螺旋形状を活かしてさまざまな役割を果たしています（**図2.2.1**）。

ものを締結する

ねじの役割といえば、まず締結です。ねじを回すことで発生する締結力により、もの同士をがっちりと挟み込むように固定します。後述しますが、ねじが生み出す力は想像以上に強力で、数ミリのねじでも数百キロの締結力を発揮します。また、ねじを逆に回せば締結がゆるみ、必要に応じて取り外すことも可能です。何度でも脱着ができるのがねじ締結のよい点です。

ものを動かす

ねじを回転させることで、ものを移動させられます。ねじの螺旋は一定なので、ねじの回転数や角度によって移動する量を調整できます。身近な例としては水道の蛇口があり、捻る角度によってバルブの開閉を調整しています。ねじの螺旋を精度よく仕上げれば、精密な機械の位置決め用の部品としても使用できます。さらに、ねじの摩擦を減らすために、ねじの中にボールを組み込んだ「ボールねじ」と呼ばれる部品もあります。これは、機械の移動軸に使われる定番の機械要素です。

力を変換する

ねじを使って小さな力を大きな力に変えることができます。車を持ち上げるパンタグラフジャッキなどはよい例です。ねじを手で回すだけの力で、数トンもある車を持ち上げることができます。これは、ねじが生み出す推力をジャッキを上げる力に変換しているからです。このように、回転させる力を別の力に変換する際にもねじは活用されます。

いずれも、ねじの螺旋形状を巧みに利用し、回転させることで発生する力をうまく活かしています。ねじが発生させる力は非常に大きいのです。パワフルでありながらフレキシブル、ねじはまさに「マッチョな紳士」と言えるでしょう（**図2.2.2**）。

ものを締結する

ものを動かす

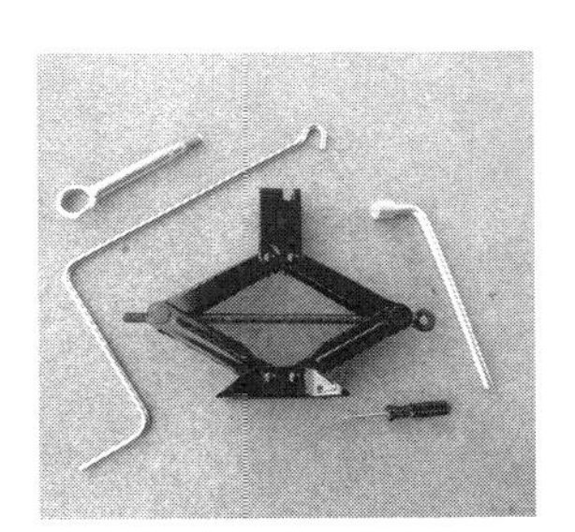

力を変換する

図2.2.1　ねじのもつ役割

図2.2.2　ねじはさながら「マッチョな紳士」

- 締結だけでなく、移動や力の変換もこなす万能選手！
- 蛇口やボールねじ、ジャッキなど。力強さは折り紙つき！
- ねじは「マッチョな紳士」。強力かつフレキシブル！

2.3 ねじの螺旋の謎に迫る

ねじの螺旋は、なんとなくグルグルと渦巻いているのはわかるものの、いったいどういう形になっているのでしょうか？　一見すると難しそうに見えますが、平面上に表してみると意外とシンプルな形をしています。円筒に直角三角形を巻き付けると、あら不思議、ねじの螺旋が完成します（**図2.3.1**）。この直角三角形を巻き付けた線のことを「つる巻線」と呼びます。小学校の夏休みに朝顔を育てたときに見覚えがあるでしょう。

このとき、直角三角形の角度θをリード角、一周分の直角三角形の高さをリードと呼びます。ねじの原理を理解するうえで必要な概念なので覚えておきましょう。ただし、実際の締結部の設計においてねじのリード角を意識して設計することはあまりありません。それは、リード角がねじのサイズごとに規格として決まっているからです。ねじの規格については後ほど、詳しく解説します。

ねじには、右ねじと左ねじがあります。直角三角形の例でいうなら、螺旋の巻き方が図のように逆になります。どちらが右でどちらが左なのかは少しややこしいですが、ねじとして使われる場面を考えるとわかりやすいです。右ねじは時計回りにねじ込むと入り込んでいくねじで、左ねじは反時計回りにねじ込むと入り込んでいくねじです。そして、世の中のねじは基本的に右ねじです。左ねじは、右ねじだと都合が悪い場合にだけ使われます。たとえば、右回転する機械などでは回転の力でねじがゆるんでしまうことがあります。身近な例で言えば、扇風機のプロペラを止めるねじですね。あの部分には左ねじが使われています。

ちなみに、自転車のペダルのねじも同じ理由から、左側のペダルだけ左ねじになっています。私は学生時代、それを知らずに自転車を分解して失敗したことがあります。左右のペダルが同じものだと思い込み、左右を逆に取り付けようとしてしまいました。当然、右ねじと左ねじが違えば取り付くわけもないのですが、無理やり作業した結果、ねじをダメにしてしまいました。しばらくペダルなしの自転車でクランクを足で蹴って学校に通っていました。みなさんもそうならないように気を付けましょう（**図2.3.2**）。

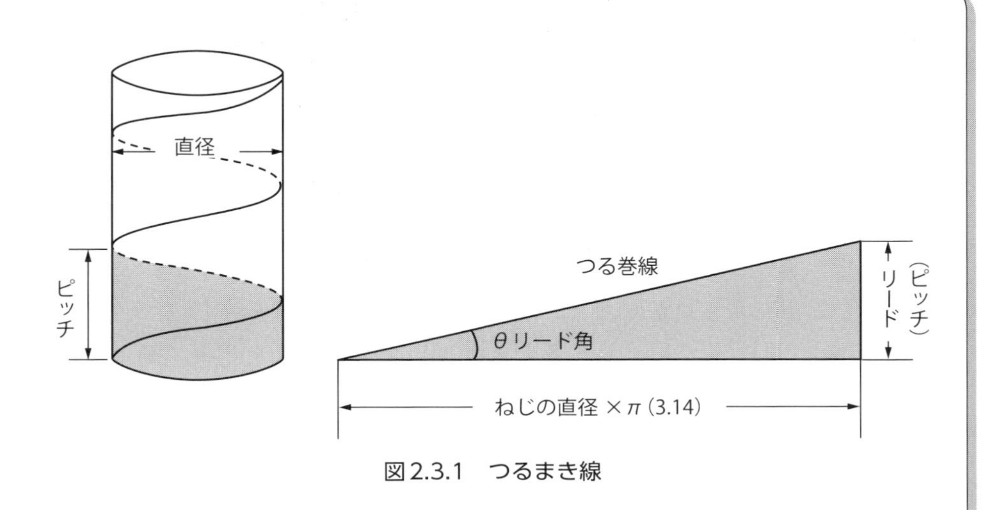

図2.3.1　つるまき線

図2.3.2　身近な左ねじの例

- 螺旋は「つる巻線」。直角三角形を巻きつけた形！
- 右ねじは時計回り、左ねじは反時計回りで、！
- 左右ねじを間違えると大失敗。自転車の悲劇にご注意！

2.4 ねじ山のギザギザ、どうなってんの？

ねじの特徴といえば、螺旋だけでなく、ギザギザした部分もありますよね。一般的なねじ山の形状は、**図2.4.1**のような形になっています。このギザギザのことをねじ山といい、ねじ山の頂点の径がねじの外径、もっとも細くなっているところを谷の径、外径と谷の径の中間あたりを有効径と呼びます（図2.4.1）。

ねじのサイズを表す際には、この外径が代表的な値として用いられます。ねじのサイズを表す代表的な寸法のことを呼び径とも言い、この呼び径には外径の寸法が用いられます。たとえば、メートルねじという規格で言えば、外径が8 mmであれば、それはM8のねじの呼び径、言ってしまえば名前になります。とにかく、外径がねじのサイズを表す基本であることを覚えておきましょう。

ただし、少しややこしいのがめねじの場合です。めねじとは、穴の内面にねじが切ってある形状のことです。ここにおねじが合わさることで初めてねじという機械要素として機能するわけです。めねじの形状も図2.4.1に示しますが、おねじでいう外径だった部分が谷の径となり、ねじの頂点が内径となります。同じような形状でも、おねじとめねじで少し表現が異なるのです。しかし、心配する必要はありません。めねじの谷の径はおねじの外径と考えれば大丈夫です。同じくメートルねじで例えると、谷の径が8 mmであれば、ねじの呼び径はM8となります。ただ、めねじの谷の径はパッと測定する方法もないので、基本的にねじの呼び径は、対応するおねじの外径であると考えればよいでしょう。

めねじとおねじの両方に共通する指標が有効径です。**図2.4.2**で示すように有効径とは「ねじの谷の幅とねじ山の幅が等しくなるような仮想的な直径」です。少しややこしい指標ですが、この仮想の寸法は非常に重要です。理論上はおねじとめねじの有効径は一致しますが、これだとねじとしてはギチギチで機能しません。ねじが正しく機能するためには隙間が必要となり、この隙間を管理するための指標として有効径が活用されています。ねじの規格（精度等級）ごとに有効径の最大、最小が定められています。また、ねじの強度計算でも有効径を用いるので、しっかりと覚えておきましょう。

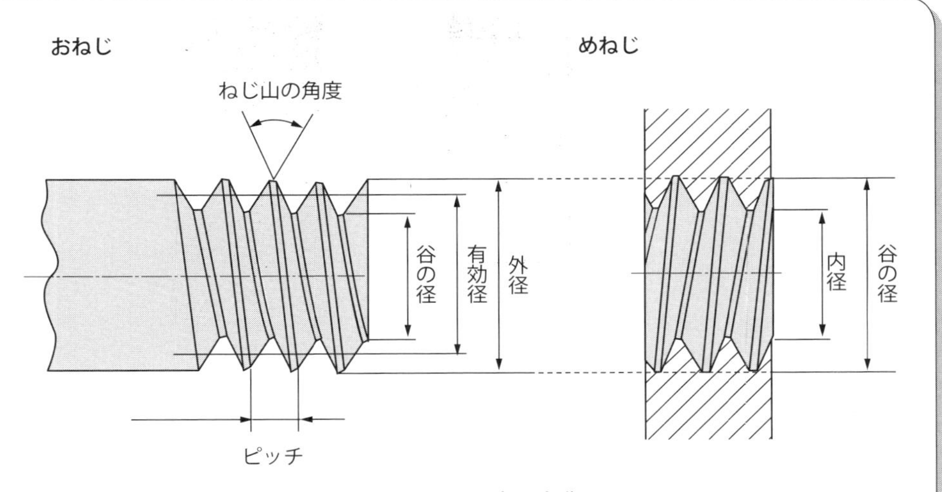

図 2.4.1　ねじ山の名称

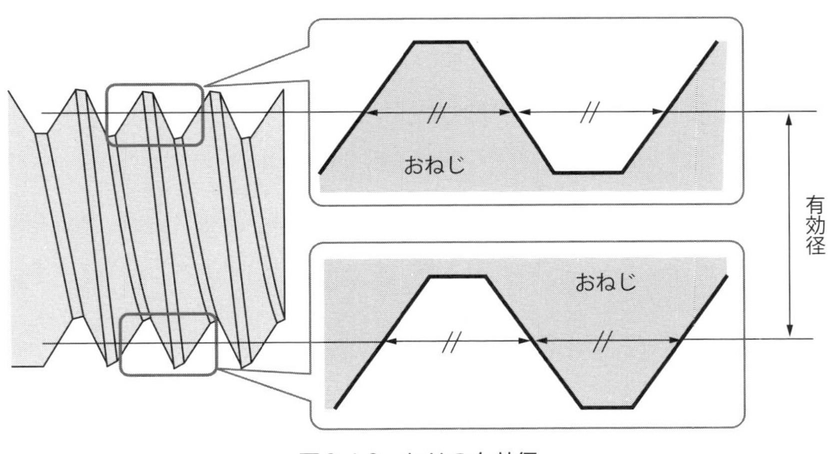

図 2.4.2　ねじの有効径

- ねじの外径がサイズを表す。呼び径は外径のこと！
- おねじの外径がめねじの「谷の径」。ややこしい！
- 有効径はねじの強度計算でも使う重要な指標だ！

2.5 ねじ山のギザギザの種類

次に、ねじ山の形について見ていきましょう。ねじといえば三角形の山形をイメージしますが、これだけではありません。実は、用途によってさまざまな形があります。**図2.5.1**に示すように、いくつかの種類のねじ山が存在します。

三角ねじ

THEねじ。ねじといえばコレ、ともいえる定番の形です。締結に用いられるねじは、三角ねじです。ねじ山の角度は60°で、比較的作りやすく、締めた後にゆるみにくい、スタンダードなねじの形です。

台形ねじ

一見すると三角ねじに似ていますが、ねじ山が台形になっています。主な違いはねじ山の角度で、台形ねじのねじ山の角度は30°です。傾斜が大きくなることで力の伝達がしやすくなるため、運動用のねじとして用いられます。工作機械の送り軸など、精密な動作が求められる箇所に使われています。

角ねじ

台形からさらにねじ山の角度が小さくなり、ほぼ平行になったのが角ねじです。もはや山と呼んでいいのかもわかりませんが、台形ねじと同様に運動用のねじとして用いられます。力の伝達効率が非常によいため、プレス機やジャッキなどに使われることが多いです。

のこ歯ねじ

触ったものすべてを傷つけそうな形をしていますね。ギザギザ尖ったこのねじは、のこ歯ねじと呼ばれ、三角ねじと角ねじの長所を組み合わせた形状をしています。鋸のような形状は、一方向には強く締め、反対方向にはすぐゆるむような動作を可能にします。素早くものを固定するための万力などによく使われるねじです。

丸ねじ

これまでの尖った形から一変、丸くて柔らかい印象のねじです。丸ねじは、ごみや砂などが入りやすい部分に強く、身近な例で言えば電球の口金部分などに使われています。電球を交換する際にチェックしてみましょう。

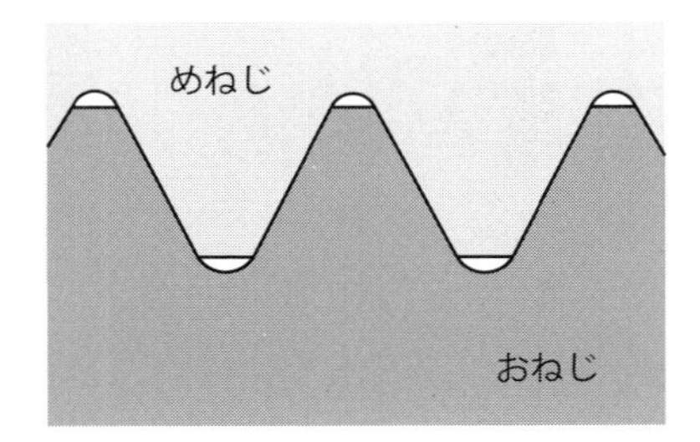

三角ねじ

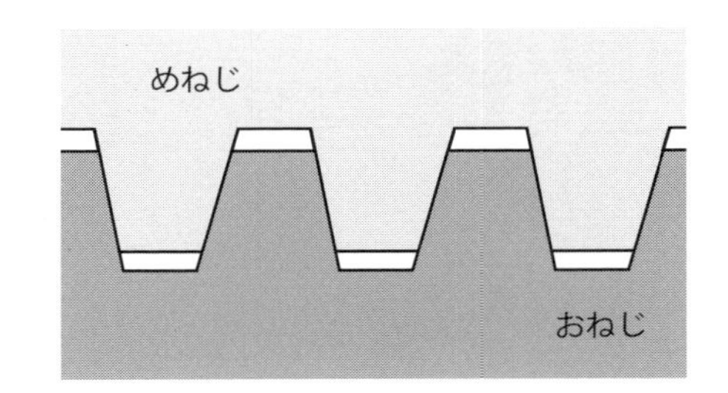

台形ねじ

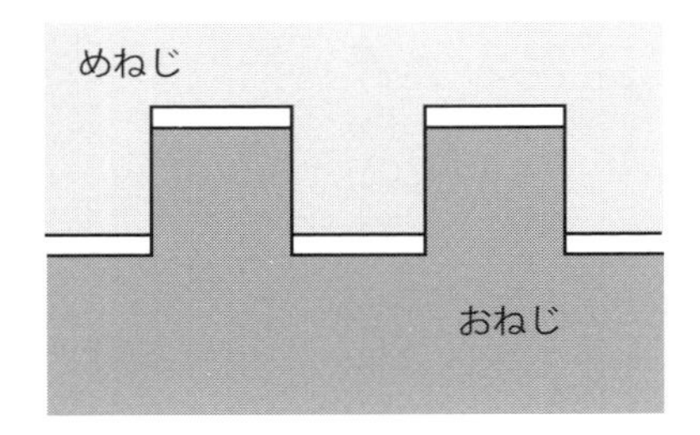

角ねじ

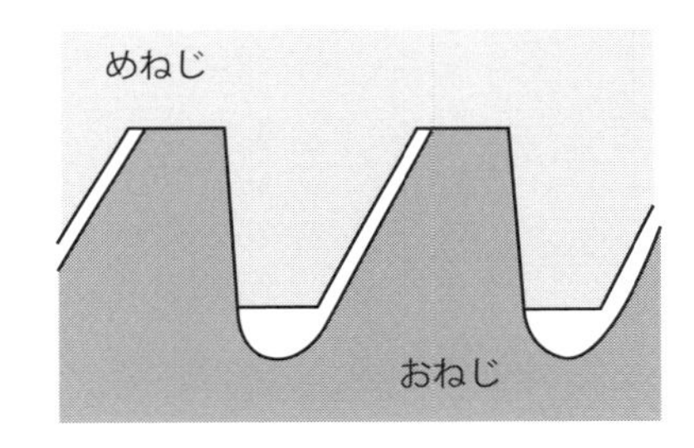

のこ歯ねじ

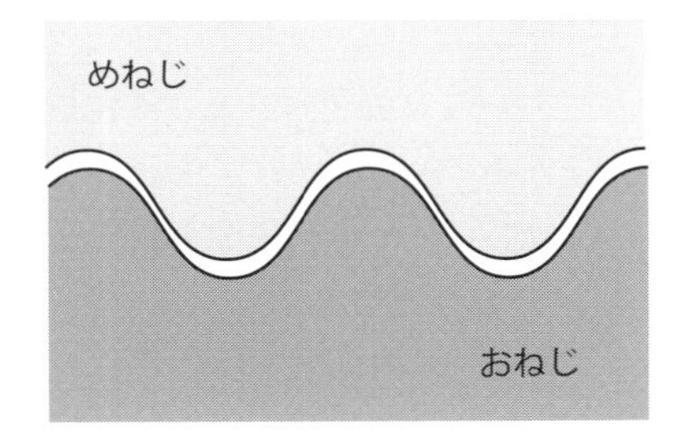

丸ねじ

図 2.5.1　さまざまなねじ山の形

- 三角ねじは THE ねじ。締結用でゆるみにくい！
- 台形や角ねじは運動用。力の伝達に優れた形！
- のこ歯ねじや丸ねじは特殊用途。万力や電球で活躍！

2.6 三角ねじの種類と特徴

締結に用いる三角ねじの種類と特徴を見ていきましょう。大きく分けると、三角ねじはメートルねじ、ユニファイねじ（インチねじ）、管用ねじの3種類に分類されます（**図2.6.1**）。この中でも、メートルねじとユニファイねじの用途は同じで、締結用のねじです。管用ねじはその名の通り、流体が流れる管の接続に用いられます。

メートルねじとユニファイねじは、用途としては同じく締結に用いられますが、違いは規格です。簡単に言えば、生まれと育ちが異なります。メートルねじはメートル単位系で作られ、ユニファイねじはインチ単位系で作られています。日本や欧州ではメートルねじが主流ですが、米国ではユニファイねじが主流です。また、扱う製品によってはユニファイねじが使われていることもあり、混同している場合があります。国際単位系として、長さの単位は「メートル」と定められていますが、現実にはうまく統一されていないのが現状です。メートルねじとユニファイねじは、パッと見ただけでは見分けがつかないので、間違って使わないように注意しましょう。

さらに、メートルねじ（ユニファイねじ）には、並目ねじと細目ねじという種類があります。**図2.6.2**のように、ねじ山同士の隣り合う距離を「ピッチ」といいます。ピッチはねじのサイズごとに規格で決まっているため、一つサイズを指定すればおのずと定まります。たとえば、M8の呼び径のねじであれば、ピッチは1.25 mmとなります。このように定められたピッチのねじを並目ねじといいます。

細目ねじは、その名前からも想像できるように、並目よりもピッチが細かいねじです。並目ねじとは異なり、細目ねじというだけでは一つに定まらず、複数のピッチが考えられるため、ねじの呼び径と合わせてピッチサイズの指定が必須となります（例：M8×1.0など）。

細目ねじのメリットは、ピッチが細かくねじ山の接触面が多いため、ゆるみにくく締付力も大きい点です。しかし、その分、締め込みにくく作業性が悪いため、特別な理由がない限りは並目ねじを選択するのが一般的です。細目ねじは並目ねじに比べて流通量も少なく、入手性も悪いため、積極的に使うのは避けたほうがよいでしょう。

<table>
<tr><th colspan="2">種類</th><th>用途</th></tr>
<tr><td rowspan="2">メートルねじ</td><td>メートル並目ねじ</td><td rowspan="4">締結用ボルトなど</td></tr>
<tr><td>メートル細目ねじ</td></tr>
<tr><td rowspan="2">インチねじ</td><td>ユニファイ並目ねじ</td></tr>
<tr><td>ユニファイ細目ねじ</td></tr>
<tr><td rowspan="2">管用ねじ</td><td>管用平行ねじ</td><td rowspan="2">管の接続など</td></tr>
<tr><td>管用テーパねじ</td></tr>
</table>

図2.6.1　三角ねじの種類

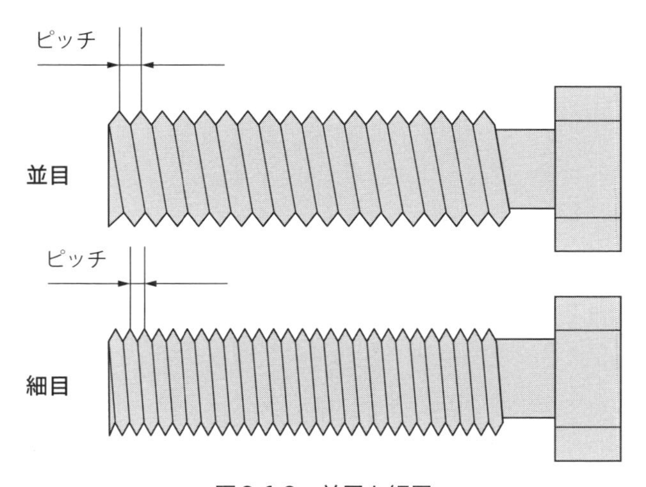

図2.6.2　並目と細目

- メートルねじとユニファイねじは規格が違う！
- 並目ねじは標準、細目ねじはゆるみにくいが扱いにくい！
- 管用ねじは流体の管の接続用。締結とは用途が違う！

2.7 ねじと愉快な仲間たち

一言でねじといっても、その種類は多種多様です。そして、ねじ締結を行うためには、ねじ以外の部品も必要です。そんな愉快なねじの仲間たちを紹介しましょう（図2.7.1）。

小ねじ

ねじと聞いたとき、誰もが頭に思い浮かべる定番の形、それが小ねじでしょう。厳密な定義はありませんが、一般的には直径が8 mm以下で、頭に「＋」の溝が掘ってあるものを小ねじと呼ぶことが多いです。

タッピングねじ

「タッピング」とは、ねじを切ることを意味する単語です。タッピングねじとは、相手側にめねじがなくても、ねじ自身で相手部品にねじを切って締結できるねじです。身近な例で言えば、家具などの木材の締結に用いられることが多いです。金属でも薄板の締結に使用されることがあります。穴さえ開いていれば締結できる便利なねじです。

六角ボルト

頭部が六角形のねじです。ボルトと聞けば、この形状をイメージすることが多いでしょう。六角形の頭部は、スパナやレンチを用いて回します。相手部品として、ナットを用いて締結することも多いです。

六角穴付きボルト

頭部に六角形の穴を持つねじです。六角レンチという工具を使って、締め込みや取り外しを行います。作業性がよいのも特徴です。基本的にはめねじに対して使われ、相手部品としてナットを用いることはありません。もっとも広く使われているボルトといってよいでしょう。

止めねじ

ねじの螺旋部分だけを切り抜いたような不思議なねじです。別名「イモネジ」とも呼ばれ、頭がないのが特徴です。深い穴に入り込み、ねじの先端で相手の部品を押し付けて固定するのに用いられます。おもちゃなどを組み立てる際、軸の締結に止めねじが使われることがあります。回り止めなどによく使われるねじです。

小ねじ
（廣杉計器）

タッピングねじ
（廣杉計器）

六角ボルト
（廣杉計器）

六角穴付きボルト
（廣杉計器）

止めねじ
（ウィルコ）

図 2.7.1　さまざまなねじ・ボルト

- 小ねじは、プラス溝で 8 mm 以下の定番ねじ！
- タッピングねじは、自分でねじを切りながら締結！
- ボルトといえば六角ボルト。定番の形！

ねじと愉快な仲間たち
～ナット編～

ねじの相棒といっても過言ではないのがナットです。ナットはねじと組み合わせて使うことで、部材同士を挟み込む形で締結させることができます。ナットにもさまざまな種類があるので、まずはその役割と用途を知りましょう（**図2.8.1**）。

六角ナット

もっとも定番のナットです。六角形で中央にめねじを切った穴が開いています。六角ナットには1種、2種、3種という種類があります。1種は片面のみに面取りがされており、取り付ける方向が決まっています。もっとも一般的に使用されるのは1種です。2種、3種は両面に面取りがあるのが特徴で、3種はさらに若干厚みが異なります。

六角袋ナット

おねじの先端が飛び出ないように袋状になった六角ナットです。おねじが隠れることで外観がよくなったり、機械の安全性が高まったりします。化粧ナットと呼ばれることもあります。袋形状の特性上、ねじ部の長さを考慮しないと正しい締結ができないことがあるので注意が必要です。

フランジナット

六角ナットの下に帽子のようなツバがついたナットです。フランジがあるおかげで部材との接触面積が広くなり、ゆるみ防止効果があります。フランジ面に「セレート」と呼ばれる凹凸のあるタイプもあり、さらに強いゆるみ止め効果を発揮します。一方で、締め付けた部材の表面を傷つけてしまう欠点があります。

蝶ナット

その名の通り、蝶のような羽が付いたナットです。空を飛ぶための羽ではなく、手でナットを締めるための羽です。工具を使わずに手で締めたりゆるめたりできるため、定期的に外す必要があるカバーや部品の取り付けなどによく使用されます。ただし、手で締めることしかできないため、強い締結はできません。強い力や振動がかかる場所では使えません。

このほかにもさまざまな形のナットが存在します。求める締結に合ったナットを選ぶことも大切です。

六角ナット
（八幡ねじ）

六角袋ナット
（八幡ねじ）

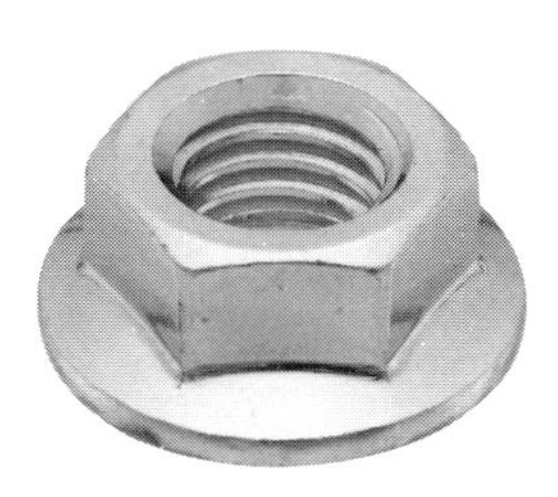

フランジナット
（八幡ねじ）

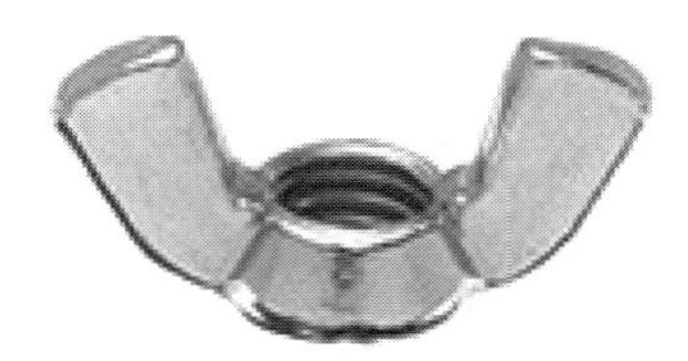

蝶ナット
（八幡ねじ）

図 2.8.1　さまざまなナット

● 六角ナットは、ド定番。1～3種で違いあり！
● 六角袋ナットは、先端を隠して見た目や安全性UP！
● フランジナットはゆるみ防止用。表面に傷がつくことも！

2.9 ねじと愉快な仲間たち～座金編～

ねじの相棒はナットだけではありません。ねじ締結においては、座金も欠かせない存在です。ねじ、ナット、座金で「締結トリオ」と呼べるかもしれません。座金とは、ねじの座面と部品の間に挟む部品で、「ワッシャ」とも呼ばれます。いろいろな種類や役割がありますが、基本的にはねじの座面が部材に食い込むのを防ぎ、ねじがゆるまずに締結し続けることをサポートする部品です。座金の具体的な種類を見ていきましょう（図2.9.1）。

平座金

丸い金属の板に穴が開いているシンプルな座金です。基本形状は丸ですが、四角いものもあります。また、材質も鉄やステンレス、樹脂やゴムなどさまざまです。冒頭でも述べたように、ねじの座面が部材に食い込むのを防ぎ、座面を安定させます。

ばね座金

コイル状に巻かれたばねのような形の座金です。座金自体がねじの座面と部材を押し返すので、締結が若干ゆるみに強くなります。ただし、根本的なゆるみに対しては大きな効果は期待できません。ゆるみ始めたボルトが脱落するまでの時間が延びるため、ねじが脱落する前にゆるみを発見する機会が増えます。

歯付き座金

歯車のような形をした座金です。飛び出した歯は若干ねじれており、締め付けた際に座面や部材に食い込むことでゆるみを防ぎます。歯付き座金は、外歯と内歯の2種類があります。電気製品の配線などに利用されることが多い座金です。

シール座金

内側にゴムパッキンがついている座金です。他の座金とは異なり、ねじ穴を密封するのに用いられます。ゴムが潰れることでねじ穴より下が密閉され、液体の入り込みや漏れを防ぎます。ゴムがついている分、通常の座金に比べて締付トルクの管理がシビアです。また、何度も付け直するとシールが傷つくこともあります。少し特殊な用途の座金と言えるでしょう。

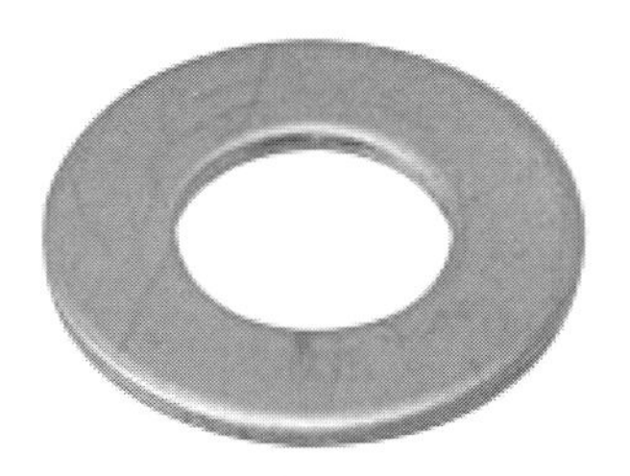

平座金
（八幡ねじ）

ばね座金
（八幡ねじ）

歯付き座金
（大陽ステンレススプリング）

シール座金
（武蔵オイルシール）

図 2.9.1　さまざまな座金

● 平座金：シンプルな丸い板、ねじの食い込み防止！
● ばね座金：コイル状でゆるみを防ぐ。時間稼ぎに有効！
● 歯付き座金：歯車形状でゆるみ防止。電気配線に多用！

2.10 ねじの締結原理

ねじを締めると部品を締結できることは誰もが知っていますが、「ねじがどのように締結を行っているか」を説明できますか？　正しくねじを使うためには、締結の原理を理解することが重要です。締結の原理を簡単に紹介します。

図2.10.1にボルトとナットで締結された部品の簡略図を示します。ねじで締結された部品には、図の矢印のような力が働いています。一つ目は「軸力」です。これはボルトを締め込むことで発生する、ねじが引っ張られる力です。二つ目は「圧縮力」です。これは部材を挟み込む力で、軸力の反作用として発生する力です。ボルトが2つの部品を挟み込むように押さえているため、締結が成り立っています。

ここで一つ不思議なのは、ボルトが部品を押さえ続けてくれることです。スパナでボルトを回した瞬間だけでなく、一度締めつけたら、その後も継続してボルトが部品を押さえ続けています。これは一体、なぜでしょうか。答えは「摩擦」です。ねじの座面とねじ山部分で摩擦が発生しているため、ねじはゆるむことなく軸力を保持し続けてくれます。そのため、部品が外れることなく、ボルトで締結できるのです（**図2.10.2**）。

つまり、軸力のおかげで部品を挟み込む圧縮力が発生し、その力は摩擦によって保たれているということです。軸力こそボルト締結の肝ですので、しっかり覚えておいてください。しかし、逆に言えば、もし何らかの理由で軸力を失ってしまったら、ボルトの締結はたちまち崩壊します。その瞬間、ボルトはただのギザギザした棒と化してしまいます。

ボルトが軸力を失う原因は主に2つあります。1つ目は「ボルトの折損」です。ボルトが破断したり、伸びてしまうことで軸力を失います。2つ目は「回転」です。振動などで徐々にボルトが回転し、軸力を失ってしまいます。そうならないためにも、ボルトの強度やゆるみについて理解し、締結を設計する必要があります。

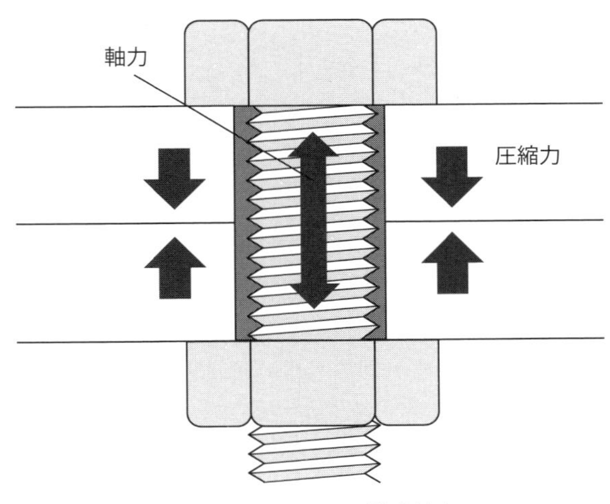

図2.10.1　ねじに働く軸力

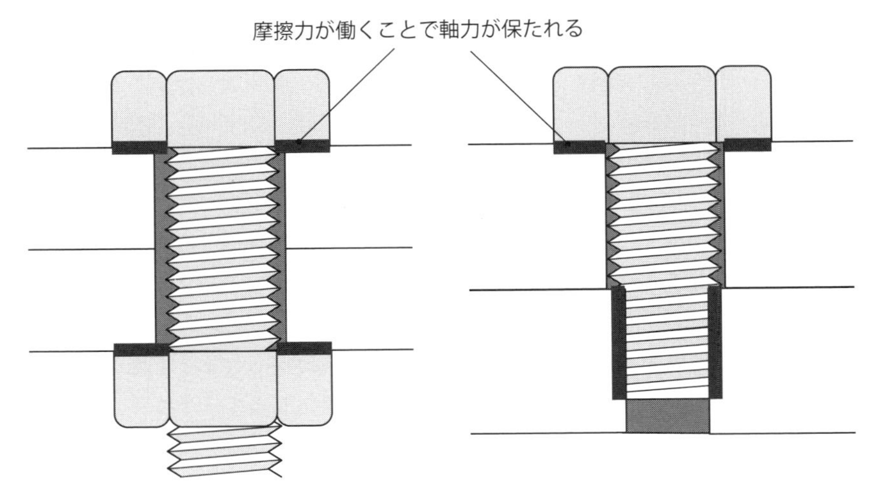

図2.10.2　ねじに働く摩擦

- ねじの締結は「軸力」と「圧縮力」で成り立っている！
- 摩擦がねじを固定し、軸力を保つことで締結が続く！
- 軸力を失う原因はボルトの折損や回転、ゆるみ防止が重要！

2.11 ねじの秘めたるパワー、軸力

実際にねじの軸力がどれくらいのものなのか、感覚をつかんでおきましょう。ねじは、その見た目からは想像できないほどの力を発揮します。たとえば、M6のねじを考えてみましょう。直径6 mmの非常に小さなねじでも、適正トルクで締め付けた際の軸力は10 kNを上回ります。重量換算で約1tの力です。たった6 mmのねじ1本にもかかわらず、車1台を持ち上げるほどの力が出せるわけです。これがねじの軸力です。非常に頼もしいですね（**図2.11.1**）。

同じサイズのねじでも、ねじの「強度区分」によって出せる軸力が異なります。強度区分とは、ねじの強度を示す指標で、JIS規格で定められています。強度区分を間違えるとねじの破損につながりますので、注意が必要です。鉄製ねじの強度区分は、ねじの頭に書いてある数字で確認できます。よく見ると数字が刻印されていますので、意識して確認してみましょう。数字は、左側が引張強さ、右側が引張強さの何％が降伏点であるかを示します。たとえば、**図2.11.2**のように強度区分が10.9であれば、そのボルトの引張強さは1000 MPa（N/mm^2）で、降伏点は引張強さの90％である900 MPaです。もし降伏点以上の力がかかったら、塑性変形という元に戻らない変形が始まり、引張強さ以上の力がかかったらねじは破断してしまう可能性があります。ねじの強度を知るうえで非常に重要な指標ですので、しっかり覚えておきましょう。

ねじに軸力を発生させるためには、ねじを回す必要があります。ねじを回す力をトルクといい、トルクによって発生する軸力は変化します。トルクと軸力の関係式は下記のようになります。

$$T = K \cdot d \cdot Ff \qquad Ff = \frac{T}{K \cdot d}$$

［T：締付トルク　　Ff：軸力
K：トルク係数　　d：ねじの呼び径］

ボルトの推奨締付トルクは、サイズや強度区分ごとに異なります。インターネットで調べれば、推奨締付トルクの早見表などが出てきますので、チェックしてみましょう。

図 2.11.1　軸力の大きさ

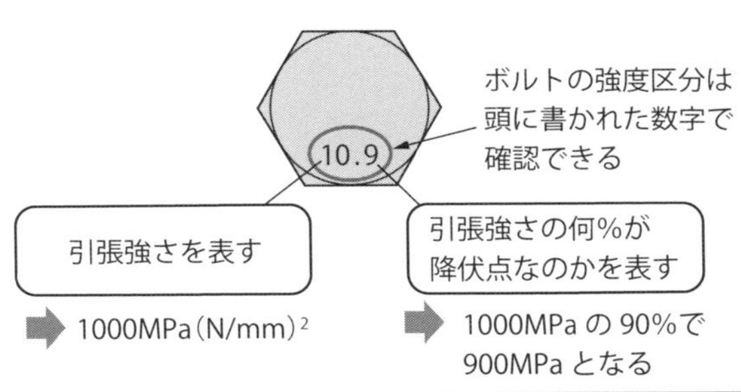

強度区分	詳細	製品
4.8	400N/mm²の引張強さのうち、80%の320N/mm²以上の荷重がかかると伸び切り、元に戻らない。	一般ボルト 一般小ねじ
8.8	800N/mm²の引張強さのうち、80%の640N/mm²以上の荷重がかかると伸び切り、元に戻らない。	高強度ボルト
10.9	1000N/mm²の引張強さのうち、90%の900N/mm²以上の荷重がかかると伸び切り、元に戻らない。	高強度ボルト
12.9	1200N/mm²の引張強さのうち、90%の1080N/mm²以上の荷重がかかると伸び切り、元に戻らない。	高強度ボルト 六角穴付きボルト

図 2.11.2　ねじの強度区分

- M6のねじでも軸力は約 1t、車を持ち上げるほど強力！
- 強度区分はねじの強さ。引張強さや降伏点がわかる！
- トルクでねじを回し、軸力を発生。強度区分を要確認！

2.12 ねじはなぜゆるむのか？

地面に落ちているねじを見て、「これ、どこのねじだろう？」と思った経験は、人生で一度はあると思います。自分の設計した機械で同じことが起こったら大変なことです。なぜねじはゆるむのか、その原理を詳しく見ていきましょう。単純に考えれば、締め込んだのと逆の方向にねじが回転してしまえばゆるんでしまいますよね。これが「戻り回転あり」のゆるみです。一方で、ねじが戻り回転していないにもかかわらず、ゆるみが発生する場合もあります。ゆるみの原因は、戻り回転の有無で大きく分類できます。

戻り回転あり

外部から物理的にボルトを回転させる力が加わり、ゆるみが発生します（**図2.12.1**）。原理としてはわかりやすいゆるみです。部品に大きな振動が継続的に加わると、ねじがだんだんと回転してしまい、ゆるみが発生します。また、振動以外にも部品自体がねじのゆるむ方向に一緒に回転してゆるむこともあります。

戻り回転なし

ボルトが回転せずにゆるみが発生する場合、何らかの原因でボルト自体、もしくは部品側が変形を起こしています（**図2.12.2**）。ボルトの締め込み過ぎで材料側が凹んでしまったり、摩擦で削れてしまったりする場合です。ボルトに強い外力がかかり、ボルトが伸びてしまうこともあります。一時的な変形でいえば、ボルトに熱が加わり、軸が伸びることで軸力が低下する場合もあります。

ここで紹介したもの以外にも、ゆるみの形態は多数あり、機械ごとに注意すべき項目は異なります。ですが、基本的なゆるみ対策の考え方として共通しているのは、大きな軸力の確保が大切だということです。当たり前ですが、軸力が大きいほど締結は強くなり、ゆるみにくくなります。大きな軸力を確保するには、ねじの座面の接触面積を確保し、組立時のボルトの締付トルクを管理することが大切です。また、補助としてゆるみ防止用のアイテムを使用することもあります（2.13項）。しかし、それはあくまでも補助であり、重要なのは上述のとおり、大きな軸力を確実に負荷して締結することです。

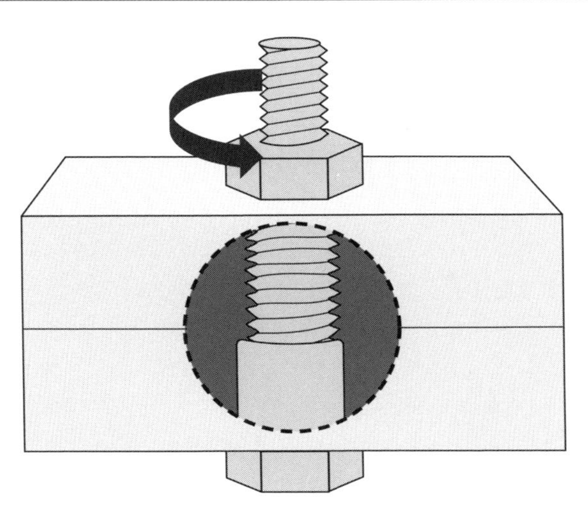

図 2.12.1　戻り回転ありのゆるみ

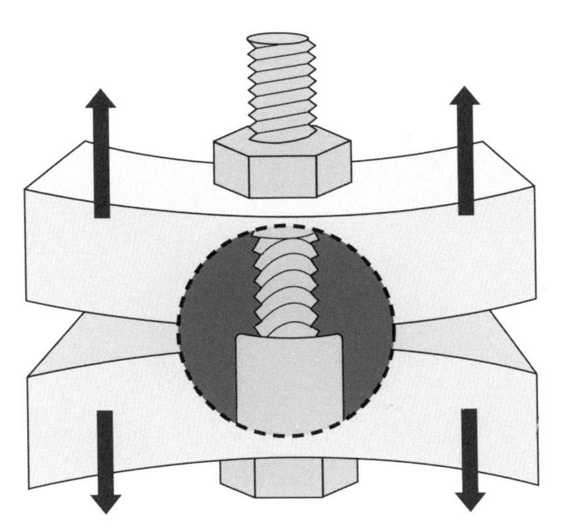

図 2.12.2　戻り回転なしのゆるみ

- ねじのゆるみは「回転する」か「変形する」で起こる！
- 振動や熱、締めすぎが原因でゆるみが発生！
- 大事なのは、しっかり軸力を確保して締めること！

2.13 ゆるみ止めのアイテムを見てみよう

2.12項でも述べたように、ねじのゆるみを防止するための基本は正しく軸力を付加することです。しかし、使用環境によってはそれだけでは不十分な場合があります。そんなときに活用できるゆるみ止め対策がいくつかありますので、見ていきましょう。

接着剤を使う

ねじのゆるみ止め用の接着剤を使用します（**図2.13.1**）。おねじのねじ山に塗って使います。接着剤自体に潤滑性があるため、ねじの締め込みを邪魔せず、締め込んだ後にゆっくりと固まります。それにより、軸力を保ったままゆるみを防止できます。種類によっては、一度固まるとねじを取り外すのに相当苦労する強力なものもあります。また、化学薬品であるため、使用時には換気をして、皮膚に触れないよう手袋をするなどの対策も必要です。

溝付きナット＋割ピン

物理的にナットが動かないように固定するゆるみ止め対策です（**図2.13.2**）。溝が切ってあるナットと穴の開いたボルトを使い、締結後に割ピンを通して曲げることでナットを固定します。手間はかかりますが、かなり強力なゆるみ止めです。見た目からわかるように機械的に固定されているため、ゆるむことはありません。バイクのホイールの固定などによく使われています。

特殊ナット＆ワッシャ

ゆるみ止め機構の付いた特殊なナットやワッシャも市場に出回っています（**図2.13.3**）。ナットの中にばねが仕込んであるものや、クサビ形状を用いてねじ山を抑えるナット、摩擦ではなく軸力を利用してボルトのゆるみを抑えるワッシャなど、各メーカーが工夫を凝らしたゆるみ止め製品が出ています。ぜひ調べてみてください。小さな部品に大きな工夫が盛り込まれており、非常に面白いですよ。

いくつかピックアップして紹介しましたが、もっとも手軽に使えるゆるみ止めは、接着剤を使うことです。もし会社などにあるならば、一度、どれほど強力に接着されるかを身近なねじ穴で試してみるとよいでしょう。

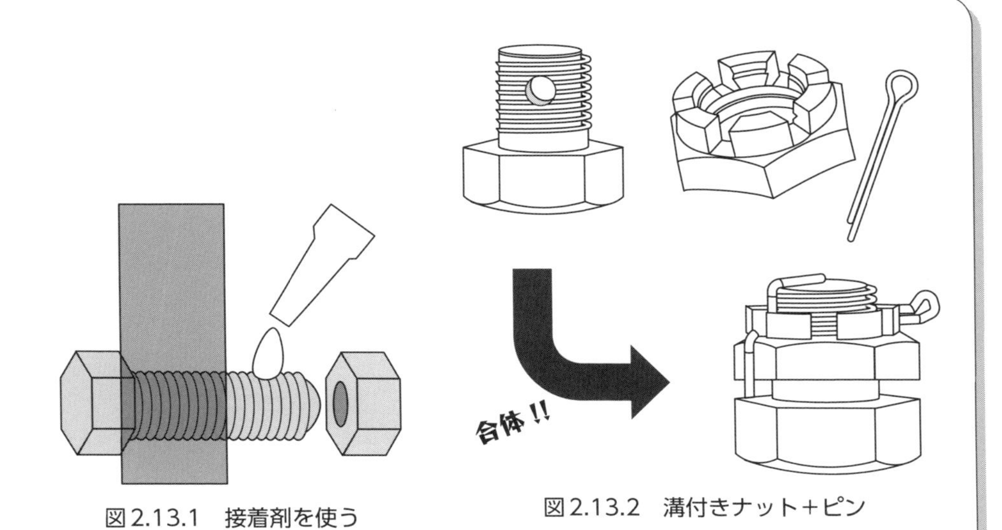

図 2.13.1　接着剤を使う

図 2.13.2　溝付きナット＋ピン

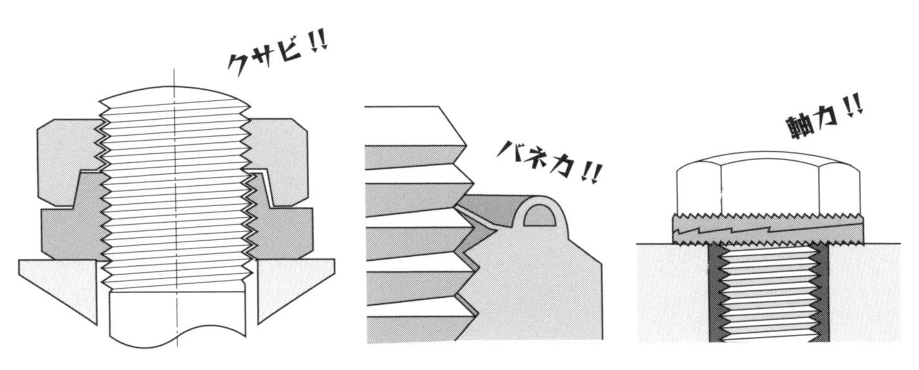

図 2.13.3　特殊ナットやワッシャたち

- 接着剤でねじ山に塗って固め、ゆるみを防止！
- 溝付きナット＋割ピンはナットをピンで固定！
- 特殊ナット＆ワッシャは、機構でゆるみを抑える工夫品！

2.14 やっちゃいけない ねじ締結の使い方

ねじ締結には、絶対にやってはいけない使い方があります。ねじは引張方向の力には強いのですが、「せん断力」と呼ばれる横から挟み込まれるような力には非常に弱いのです（**図2.14.1**）。そのため、ボルトにせん断力がかからないように締結を考えなければなりません。ボルトは軸力が発生している状態だと、部品同士も押さえつけられているため、摩擦が発生しています。この摩擦によって、摩擦力ぶんの荷重は受けることができますが、この摩擦力を超えると、部品からボルトにせん断力が伝わってしまいます。原則として、せん断方向の荷重に対しては、摩擦には頼らずに機械的に荷重を受ける設計にしなければなりません。いくつか例を示します（**図2.14.2**）。

ピンで受ける

第3章でも紹介しますが、ピンを設けて、そのピンにせん断荷重を受けてもらう「身代わり作戦」が有効です。もちろん、ピンもせん断力によって破断する可能性がありますので、強度計算は必要です。ただし、ピンはせん断方向の力を受けるように作られている機械部品ですので、正しく選定すれば問題ありません。

肩当で受ける

相手側を加工して肩当を作り、せん断方向の力を部品の面で受ける方法もあります。ピンを打たなくてよいため、組み立ても容易です。面で力を受けるので、大きな力を受けるのに向いています。ただし、一方向の力しか受けることができないため、加わる力の方向が読めない場合には使えません。

ねじがせん断方向に破損しやすいのは、ねじ山があるため、応力集中が起こりやすいためです。「どこからでも開きます」のギザギザと同じですね。「餅は餅屋」、せん断力はそれを受ける専用の構造に任せましょう。せん断方向の他に、曲げ方向の力も受けることができません。構造上、曲げ方向に力を受けることはあまり考えにくいですが、締め付けていく過程で座面の角度が変わり、曲げの力を受けることがあります。これもボルトの破断につながる可能性があります。ボルトが受けるのは軸方向の力のみになるように、締結周りの構造をしっかりと確認しましょう。

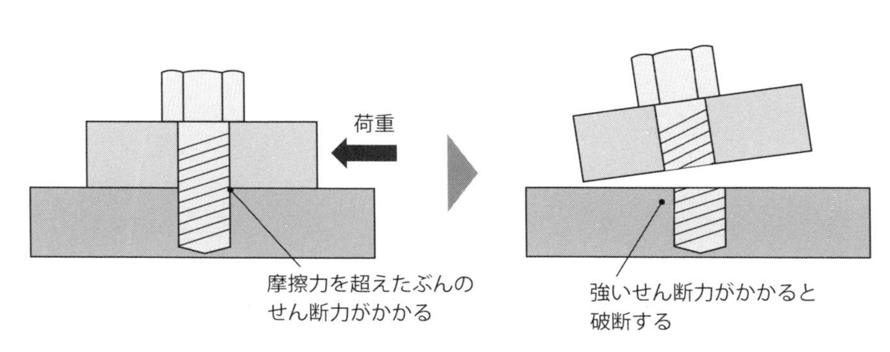

図2.14.1　ねじはせん断力に弱い
（ものづくりウェブHPを元に作成）

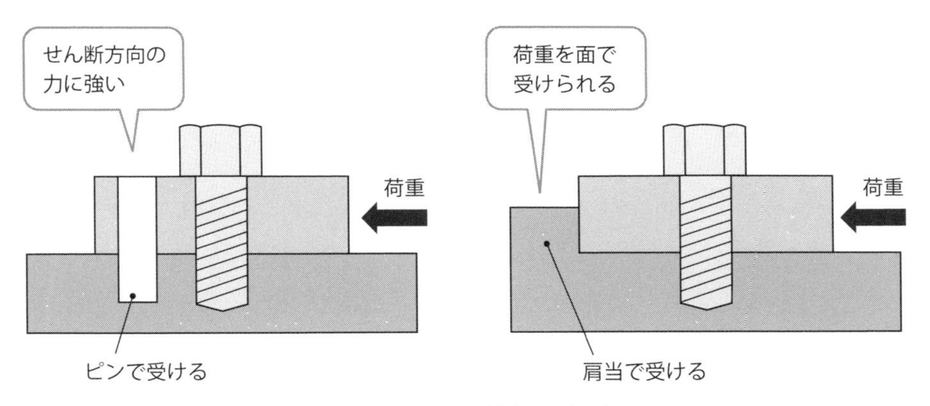

図2.14.2　せん断力の受け方
（ものづくりウェブHPを元に作成）

- 横からの「せん断力」に弱く、摩擦力を超えると危険！
- ピンや肩当を使って、せん断力を受けることが大切！
- 軸方向の力のみを受けるように設計、曲げ力にも注意！

2.15 ねじのサイズを決めてみよう

ここからは、ねじ締結部を設計する場合を考えてみましょう。**図2.15.1**のように、横方向に機械をけん引するフック部品を設計するとします。この部品を締結するために必要なボルトの数とサイズを考えてみましょう。

まず、ボルトの本数ですが、この部品形状の場合、締結のバランスを考えた時、ボルトの数は4本で四隅を締結すればよさそうです。この辺りは明確な基準はなく、センスの部分です。2本でも、3本でもサイズ次第で成り立ちますが、配置として違和感があります。使用者に与える見た目の安心感を考慮して、4つがよいでしょう。

けん引するときにかかる力は2.5 kNですので、この力でも破損しないようなボルトを締結する必要があります。今回はボルトが4つですので、単純に4で割った力をボルト1本が受けることになります。そのまま1本あたり6250 Nの力を受けると考えてボルトを選びたいところですが、安全率を考慮する必要があります(**表2.15.1**)。安全率とは、想定外の外力など予測できないことに対応できるように設定する余裕です。

負荷の変化によって取る値は異なりますが、今回の場合は運搬ですので、衝撃荷重の15を基準に見ておきましょう。つまり、ボルト1本にかかる力は6250×15で93750 Nです。この力を元に**表2.15.2**のボルトの強度区分を見てみましょう。今回は負荷も大きいので、高強度の12.9を使うことにします。許容降伏応力をボルトの有効径で割れば、そのボルトが負荷できる軸方向の荷重を計算できます。今回は、あらかじめ計算して表の最右列に結果をつけておきました。この結果を元にボルトサイズを選ぶと、M12が条件として一致しそうです。よって、ボルトのサイズはM12、本数は4本と定まるわけです。

これが大まかなボルトサイズの決定方法です。おさらいしますと、まずボルト1本にかかる力を計算します。そこから安全率を乗じて強度区分を決め、ボルトのサイズを導き出します。

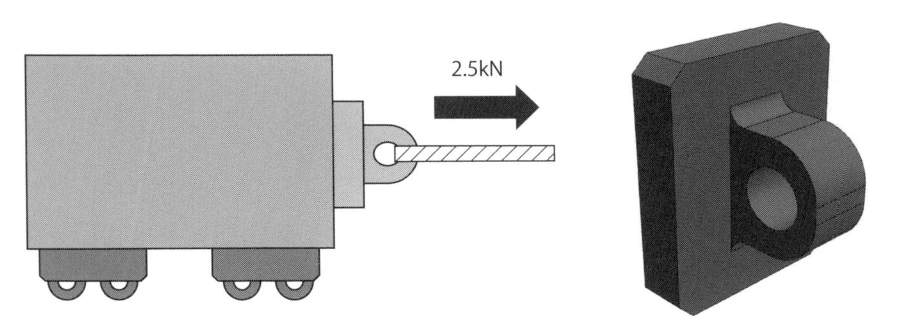

図2.15.1　ねじのサイズを考えよう

表2.15.1　安全率の目安

材料	静荷重	繰り返し荷重（片振）	繰り返し荷重（両振）	衝撃荷重
鋳鉄	4	6	10	15
軟鋼	3	5	8	12
鋳鋼	3	6	8	15
銅	5	6	9	15
木材	7	10	15	20

表2.15.2　ボルトの許容負荷荷重（例）

強度区分12.9				
呼び径 [-]	有効径 [mm]	断面積 [mm^2]	降伏応力 [N/mm^2]	許容負荷荷重 [N]
6	5.35	22.5	1098	24683.1
8	7.35	42.4		46587.2
10	9.03	64.0		70255.9
12	10.86	92.7		101763.4
16	14.70	169.7		186374.3

● ボルトはバランス重視で4本が見た目も安心！
● 1本あたりの力を計算し、安全率15倍で余裕を！
● 結果、M12の強力ボルトを4本使えばOK！

2.16 ねじの配置を考えてみよう

ねじ締結の設計をするうえで悩ましいのが、ねじの配置です。前項の四角い部品なら四隅でよいでしょうが、もしこれが長方形だったら、なんとなく真ん中も止めて6か所で締結したくなりますよね。もっと伸びたら、8か所、10か所……とねじの数を増やしたくなるはずです（**図2.16.1**）。こういったねじ同士の間隔は一体どうやって決めればよいのでしょうか。

残念ながら、明確な基準や答えは存在しません。材質、形状、厚み、部品が受ける外力、用途などで必要なボルトの数は変わってきます。たとえば、板金であっても、ただカバーとしてついていればよいものは4点でよいでしょう。一方で、意匠性や浮きを気にする場合、ボルトの間隔を短くして抑えたほうがきれいに仕上がります。逆に、平面の精度が出た加工品などは、ボルト締結の箇所が増えるとせっかく出した平面が締結によって歪む場合があるため、極力締結個所は減らしたいなど、部品によって最適な配置は異なります。厳密に検討するならば、CAEによる有限要素解析などで計算するとよいでしょう。

ただし、全てのねじにおいてそのように検討するのは現実的ではありません。設計するたびに悩まなくてよいように、自分の中で一定の基準を決めておくとよいでしょう。参考までに、私が実際に設計するときの基準をお伝えすると、**図2.16.2**のように決めています。もちろん例外もありますが、もし複数のボルトが必要な場合、まずはこの長さを基準として配置を考えています。 当然、部品の長さによってはきれいに収まらないので、その場合は切り捨てるような形にして、間隔を広げてきりのよい数字にしています。

「この数字の根拠は何か？」と問われると非常に困るのですが、この基準を作る上で参考にしたものはあります。それは一般的に市場に出回っている直動ガイドのレールの取り付けピッチです。直動ガイドは機械の動作を支える重要な機械要素であり、確実かつ精度よくレールを取り付ける必要があります。直動ガイドのボルト間隔はどのメーカーを見てもおおよそ同じなので、それを参考に自分の基準としました。すべての寸法を計算で決められればよいですが、そうできないのが設計の難しいところです。世に出回っているものを上手く参考にしましょう。

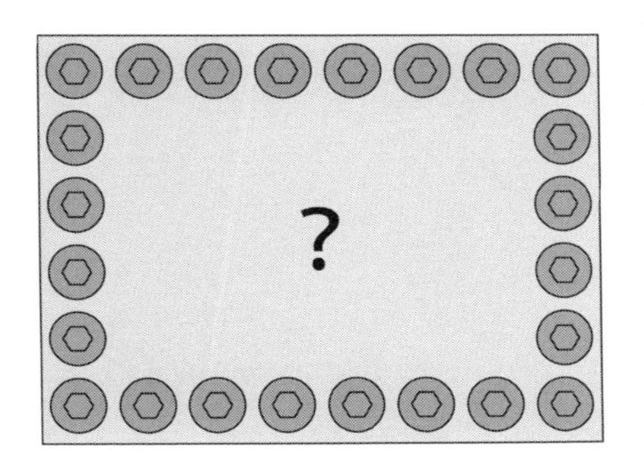

図 2.16.1　ボルトは多ければ多いほどよい？

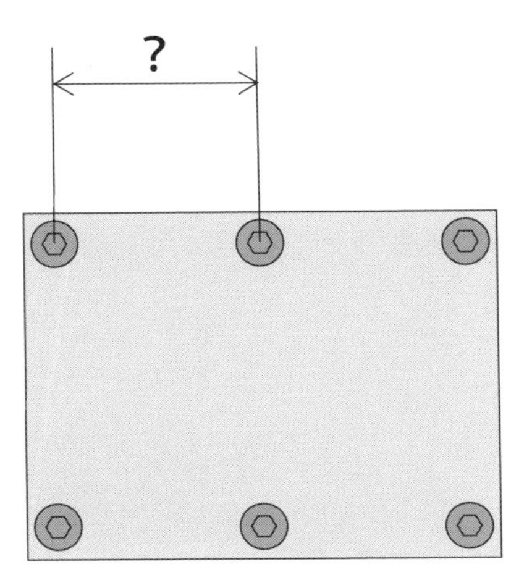

呼び径	間隔の目安
M5	50mm
M6	60mm
M8	80mm
M12	100mm
M16	150mm

図 2.16.2　設計で実際に使用している目安

- ねじの配置は部品や用途次第で、決まった答えはない！
- バランスや見た目を意識して、ねじの間隔を調整しよう！
- 困った時は、他の製品の配置を参考にしよう！

Column 2

外せないネジ

取り外せることがねじのメリットですが、取り外せないように工夫することもあります。たとえば、安全にかかわるためユーザー側に取り外されると困る部品や、子供が誤って開けてしまうと危険な箇所など、さまざまなパターンが想定されます。かといって、接着剤などで完全に接着して分解できないのも困るという、“欲張り”な機械もあります。その場合、「タンパープルーフ」という手法をよく用います。これは機械の不正な改造やいたずらによる危険を防ぐ設計手法です。使用者に分解されると困る部分には、普通の工具では外せない特殊なネジを使用したり、ネジ穴を潰して取り外せなくするという手法です。主なアプローチは２つあります。

1．改造を困難にする

例：特殊工具が必要な三角穴のネジを採用する

2．改造の痕跡が分かるようにする

例：分解したら必ず折れるツメ形状を設ける

１はユーザーに分解させない方法、２はユーザーが分解してしまった証拠を残すための方法です。私は何でも分解する癖があるので、これらの対策に突き当たることがよくあります。設計の参考になるという気持ちと、分解してごめんなさいという気持ちが混ざり合い、なんとも言えない感覚になります。分解はしないまでも、ぜひみなさんもタンパープルーフを探してみてください。特に子供用のおもちゃには、よく使われていますよ。

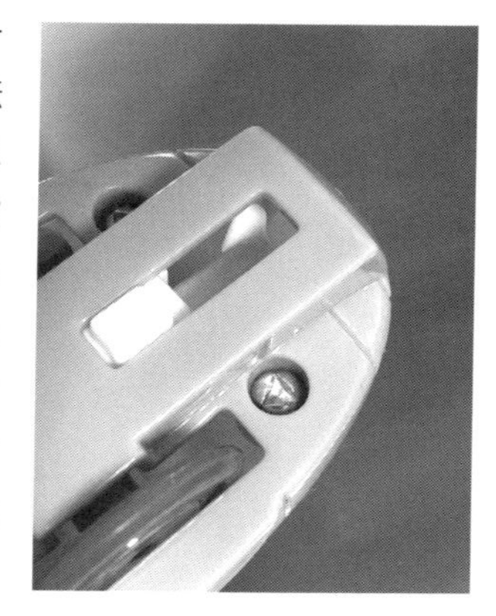

第3章

教えて！ピンの設計

3.1 ピンと聞いて、ピンとくる？

ピンという言葉を聞いたとき、何を思い浮かべますか？　何かピンとくるものはありますか？　というダジャレはさておき、ピンも物と物を締結するための重要な機械部品の一つです。

身近なピンをイメージしてみましょう（**図3.1.1**）。まず安全ピンがありますよね。布に突き刺してワッペンなどを留めるときに使います。小学生のころは、よく安全ピンで名札を服にくっつけていました。他のピンでいえば、ネクタイピン。こちらは突き刺すわけではなく、ネクタイとＹシャツを挟むことでネクタイを固定するための道具です。同じく挟むタイプのピンとして、ヘアピンなどもあります。このようにピンとは「突き刺したり挟んだりして、物を留めるための道具」だといえます。機械の締結で用いるピンも例にもれず、部品に突き刺したり、ピンで挟むことで部品の固定を行います。ただし、先ほど紹介した身近なピンと大きく違う部分があります。それはピンだけで固定しないということです。

機械部品のピンは、締結の主役ではありません。あくまでも補助やサポートとして用いられます。表舞台に立つねじが「主役」だとすれば、ピンはその主役を支える大事な相棒です。たとえば、ボルトでしっかりと締め付けた部品が、時間が経つにつれて少しずつズレてしまうことがあります。そんなとき、ピンがあるとそのズレを防いでくれます。ピンがしっかりと位置を固定してくれるおかげで、部品同士がズレずにいつでも正しい位置を保てます。

また、組み立てや分解の際にもピンは大活躍します。ピンがあることで部品を仮に固定したり、簡単に位置合わせができたりするため、締結作業がスムーズに進みます。ピンがなくとも機械は動くかもしれませんが、ピンがあることで締結がより安定し、長持ちします。

ピンは目立たないけれど、なくてはならない縁の下の力持ちです。締結の設計をする際には、「相棒」であるピンの存在をしっかりと理解して正しく活用することが重要です（**図3.1.2**）。ピンをうまく使うことで、あなたの設計がさらによいものになるはずです。いまだピンの重要性が理解できなくても、この章を読み終わるころにはピンとくるようになるでしょう。

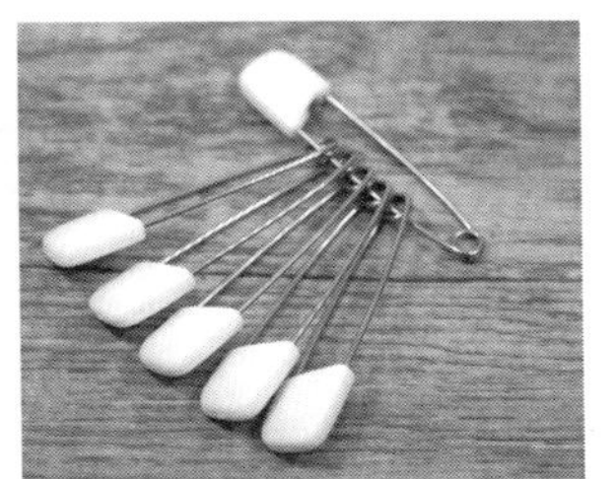
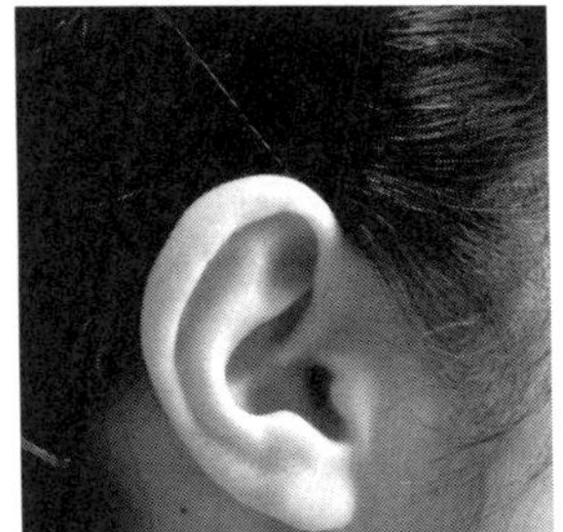

図3.1.1　身近なピン

図3.1.2　ピンは主役を支える名脇役

- ピンは物を留める名脇役！
- ねじのズレ防止や位置合わせに大活躍！
- 地味だけど、機械には欠かせない存在！

3.2 締結を支える相棒、ピンの役割

締結の相棒であるピンがどのように締結をサポートしているのか、その役割について見ていきましょう（図3.2.1）。

部品の位置を決める

ピンのもっとも基本的な役割は「部品の位置を決めること」です。たとえば、ねじで部品を締結する場合を考えましょう。ねじの通し穴とねじの間には隙間がありますので、締結の際は隙間分だけ部品の位置がずれる可能性があります。取り付けのたびに測定して位置決めをするのは面倒ですから、そこでピンの登場です。部品同士にピン用の穴を開けておき、そこにピンを打ち込むことで部品の位置をしっかりと決められます。調整作業をしなくても部品の位置を決められます。また、メンテナンスで分解して組み直した際にも、ピンがあることで再び同じ位置に部品を取り付けられます。組立の再現性を確保するうえでも、ピンは非常に重要です。

力を受ける

前章のねじの締結（2.14）でも説明した通り、ねじ締結ではねじがせん断荷重を受けないように工夫する必要があります。その工夫の一つとして、ピンの活用があります。ピンを活用すると、ねじが受けるはずのせん断荷重を代わりにピンに受けてもらうことができます。「ここは俺に任せて、先に行け」と言わんばかりの役割で、まさに締結の相棒ですね。もちろん、ピンにも力を受けることができる限界がありますので、ピンで力を受ける場合は、その設計計算が欠かせません。

抜け止め・ゆるみ止め

ねじが緩むのを物理的に防いだり、部品が抜け落ちるのを防ぐ方法もあります。たとえば、ナットのゆるみを防止するために、ねじの側面に穴を開けてそこにピンを通しておきます。図を見てわかる通り、この状態であれば物理的にゆるむことはありません。また、ねじだけでなく、円筒状の部品に対しても抜け止めとしてピンを打つことがあります。完全に固定するのではなく、部品をある範囲にとどめておく役割も果たします。

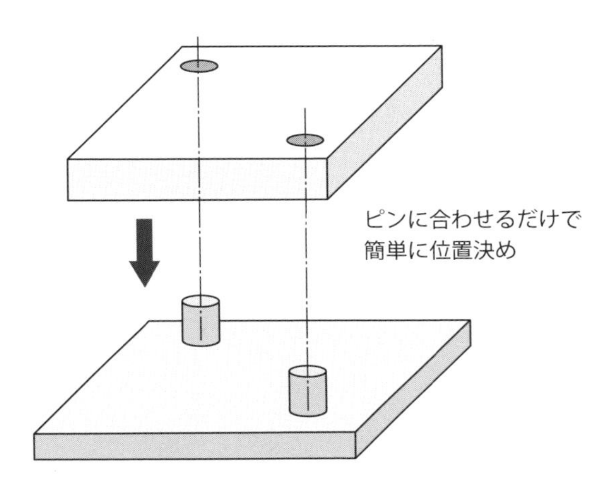

①部品の位置を決める

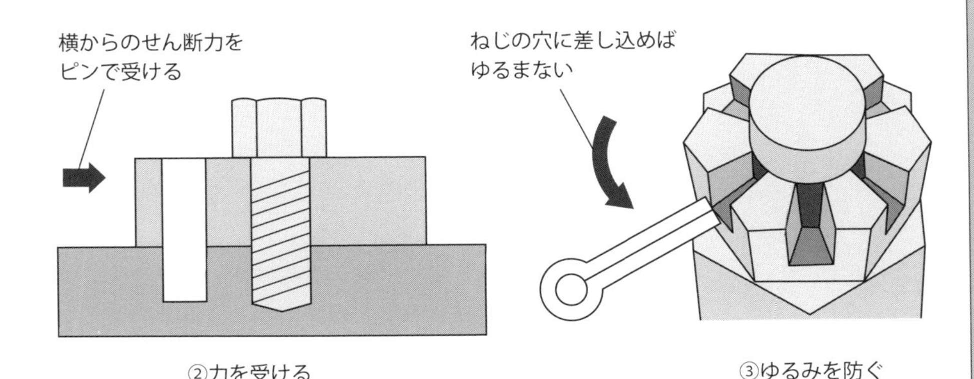

②力を受ける　③ゆるみを防ぐ

図3.2.1　ピンにはいろんな役割がある

- ピンは部品の位置をピタッと決める！
- せん断荷重を受け、ねじの負担を軽減！
- 抜け止めやゆるみ止めにも役立つ頼れる相棒！

3.3 ピンの種類 〜位置決めのピン〜

実際に締結に用いられるピンには、どのような種類があるかを見ていきましょう。まずは、部品に打ち込んで使うピンを紹介します（**図3.3.1**）。

平行ピン

もっとも標準的な形のピンです。形状としては、端面に面取りがされた円柱状の部品です。部品側にあらかじめピン用の穴を開けておき、そこに打ち込むような形で使用します。JIS規格によりサイズが定められています。同じ径でも公差クラスはプラス公差（m6）とマイナス公差（h8）のものがあるので、必要に応じて選択します。比較的ラフな部品の位置決めに使用されます。

ダウエルピン

平行ピンと同じ形をしています。使われ方も同じで、ピン用の穴に打ち込んで使用します。平行ピンとの違いは材質と硬化処理で、平行ピンよりも強度が高いのが特徴です。こちらもJIS規格によりサイズが定められていますが、公差クラスはプラス公差（m6）しかありません。基本的には締まりばめでギチギチの状態で使用します。部品同士の位置をしっかりと決めたい場合、ピンで力を受けたい場合、また部品を繰り返し脱着するような場合はダウエルピンを使用します。

テーパーピン

先端に向かって細くなるテーパー形状をしているピンです。平行ピンやダウエルピンと同じく、穴に打ち込んで使用します。平行ピンやダウエルピンはあらかじめ部品にピン用の穴が開いていますが、テーパーピン用の穴は基本的に組立調整後に現場で加工します。なぜそんなことをするかといえば、機械によっては部品の公差だけでは位置が定まらず、組立工程で位置を調整したい部品があるからです。テーパーピンを打ち込むことで、分解しても現場で調整した位置に部品を取り付けられるようになり、組立の再現性を担保できます。

スプリングピン

薄板を巻いたような形状のピンです。その名の通り、ピンの径方向がスプリングのようになっており、ドリルで開けたような荒い穴でも打ち込めます。大まかな位置決めや、単にピンで荷重を受けたい場合などに有効です。

平行ピン
（大喜多）

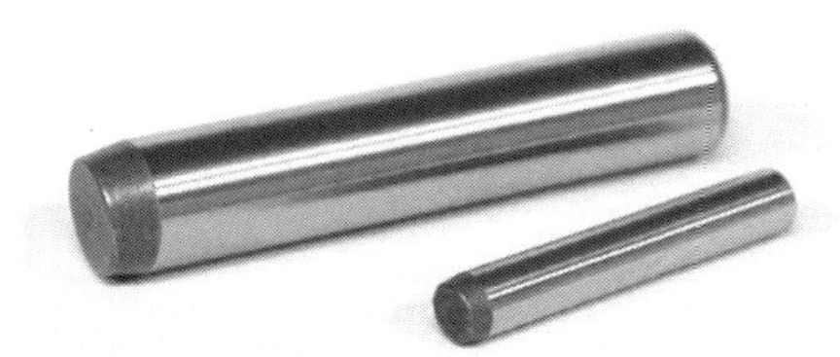

ダウエルピン
（大喜多）

テーパーピン
（大喜多）

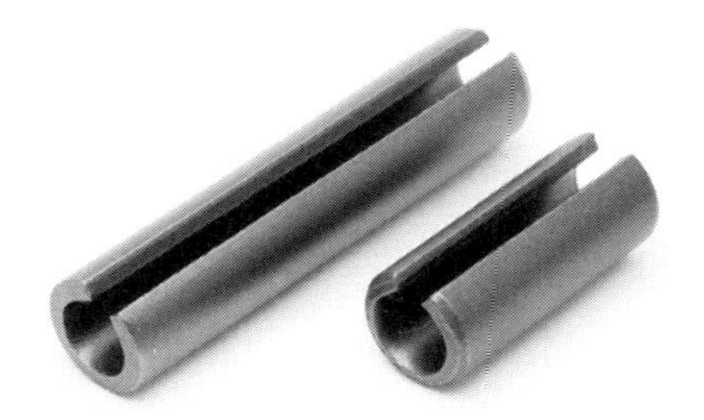

スプリングピン
（大喜多）

図3.3.1　さまざまなピン

● 平行ピン、ダウエルピン、テーパーピン、スプリングピン
● 位置決めや強度、調整のしやすさなどに応じて使い分け！
● スプリングピンは荒い穴でもOKな便利屋！

3.4 ピンの種類 ～抜け止めのピン～

抜け止めとして活用されるピンの種類を見ていきましょう（**図3.4.1**）。

割りピン

ヘアピンのように先端が2つに割れているピンです。2つに割れている片側が少し長くなっています。非常に安価であり、主に抜け止めの用途で用いられます。使い方はいたってシンプルで、あらかじめ軸に穴を開けておき、そこに割りピンを通して、ペンチなどでつかんで曲げるだけです。割りピンの片側が長くなっているのは、曲げる際にペンチでつかみやすくするためです。部品の抜け止めの他に、ボルト自体に穴を開けて、ナットのゆるみ防止などにも活用されます。割りピンを抜く際は、曲げた先端を元に戻して引き抜きます。

スナップピン

割りピン同様、先端が2つに分かれていますが、片側の中間に大きなR形状があります。用途としては割りピンと同じく、抜け止めとして使用します。スナップピンは割りピンのように曲げる必要はなく、自らのばねの力で軸を挟み込むように固定されます。そのため、再利用が可能で、脱着が必要な箇所に使用されます。たとえば、カバーなどの取り付け部によく使用されます。ラジコンが好きな人ならわかるかもしれませんが、ボディの取り付け部にも使われています。

スプリングピン

前項の位置決めピンでも出てきましたが、スプリングピンは抜け止めとしても利用できます。割りピンやスナップピンと比べて強度が高いため、抜け止めとして大きな荷重を受ける必要がある箇所にも利用できます。代表的な活用例でいえば、ヒンジの部分です。ただし、物理的にピン自体が抜けてしまう可能性があるため、振動が発生するような箇所には不向きです。特に軸と同じ方向の振動が発生する箇所では、抜けのリスクが高いので使用しないようにしましょう。

このように、ピンには締結のサポートだけでなく、ピンならではの活用もあります。ピンからはそれますが、抜け止めとしてはCリングという部品もあります。この部品も併せて名前だけでも覚えておきましょう。

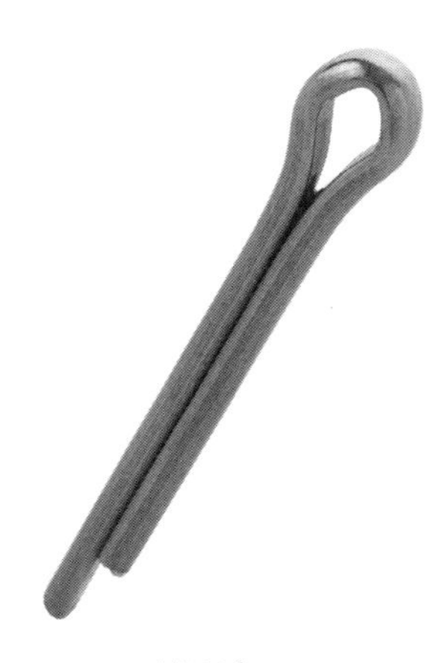

割りピン
（ウィルコ）

スナップピン
（八幡ねじ）

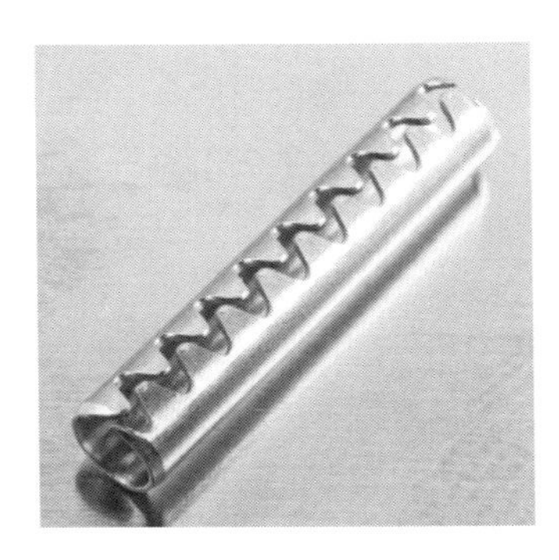

スプリングピン
（藤本産業）

Cリング
（アールエスコンポーネンツ）

図3.3.1　さまざまな抜け止め用ピン

- 割りピン、スナップピン、スプリングピン！
- 割りピンは曲げて固定、スナップピンはばねで固定、スプリングピンは高強度。用途に応じて使い分ける

3.5 その他の特殊なピン

ここまではJISの規格で定められているピンを紹介してきましたが、実際に設計で使用するピンには、規格のないメーカー独自の形状のものも多くあります。その中でもよく使用されるものをピックアップして紹介します（**図3.5.1**）。

段付きピン

段の部分が面に接触することでピンの高さが決まります。たとえば、平行ピンではピンの高さは開ける穴の深さで決まってしまいますが、段付きピンであれば穴の深さを気にすることなく、ピンの高さを指定できます。また、段付きピンには大頭と小頭があります。大頭は上述の通り、ピンの高さを決めますが、小頭はスペースの関係で片側の位置決めピンを小さくしたい場合などに用いられます。

ツバ付きピン

段付きピンにさらにツバが付いたピンです。部品同士の距離を正確に位置決めしたい場合などに用いられます。ツバの部分が部品の間に挟まることで、部品同士の距離を決めることができます。

ボルト付きピン

ボルトとピンが合体したようなピンです。位置決めと締結を同時に行える優れものです。ただし、ピン自体の位置はタップの加工位置で決まるため、通常のピンに比べて位置決め精度は劣ります。

フランジ付きピン

フランジが付いており、ボルトで固定できるようになっているピンです。ピンに多少力がかかっても、ズレたり取れたりすることがないので、部品を頻繁に脱着して位置決めする治具の基準に多く用いられます。

ダイヤピン

ピンの形状がダイヤのような形になっているピンです。詳しくは後述（3.11）しますが、ダイヤの形にすることでピン同士のピッチ誤差を許容できるようにした便利なピンです。

これらのピンは規格にはなっていないものの、一般的によく使われる形状のピンです。用途はしっかりと頭に入れておきましょう。

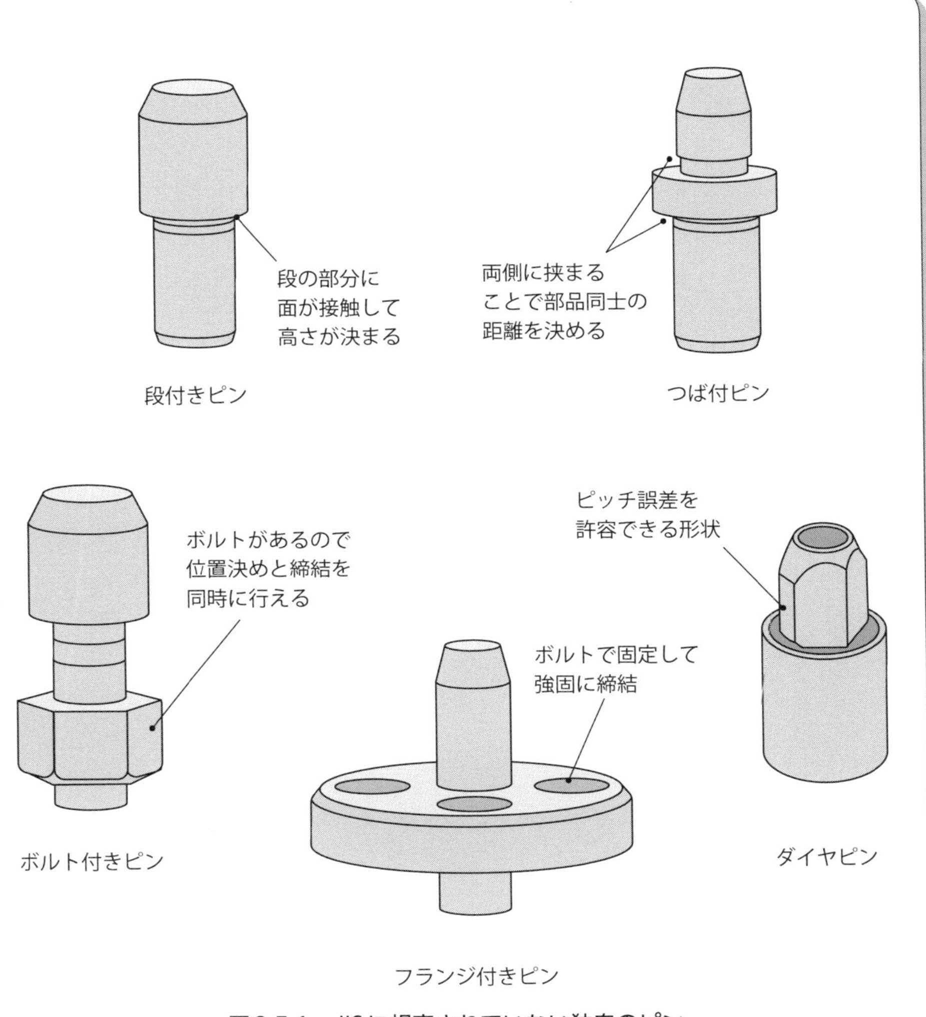

図3.5.1　JISに規定されていない独自のピン

- 規格外ピンには、特殊な形状のものが多い！
- 高さや距離を調整しやすく、設計に便利！
- 独自形状でもよく使われるので、用途を理解しておこう！

3.6 ピンの先端形状

ピンの形として重要なのが、先端の形状です。ピンの役割によって、さまざまな先端形状があります。主に組み立ての際に大きく影響するので、先端形状の種類と役割を理解しましょう（**図3.6.1**）。

テーパー

もっともスタンダードな形です。大きく面取りされた形状で、テーパー部が穴への挿入時の案内として働きます。スムーズにピンを抜き差しする手助けをする先端形状です。なかにはテーパー部分だけで位置決めするようなピンもあります。非常に高精度な位置決めが求められる箇所に使用されます。

球面

先端が滑らかな球面になっているピンです。テーパーよりもさらにスムーズにピンを抜き差しできます。また、角部がないため相手部品を傷つけることも少ない、優しい形状です。

フラット

フラットな先端形状です。最低限の面取りはしてありますが、テーパー部が非常に短くなっています。ピン自体が短い場合、テーパー部が大きいと、肝心の位置決めに必要な円筒部が少なくなってしまいます。省スペースで位置決めが必要な場合に用いられる形状です。

尖り

槍のごとく鋭くとがっている先端形状です。何かに突き刺さるほどではありませんが、ピンとしては鋭い形状です。位置決めの際の案内の幅を広げたい場合に用います。自動搬送装置による位置決めなど、ピンに挿入される前の部品の位置にばらつきが大きい場合によく用いられます。

くびれ

中間がきゅっと絞られた形状のピンです。くびれの役割は、ピンに挿入される部品が多少斜めになるのを許容することです。これにより、ピン挿入時の組み立てがやりやすくなります。

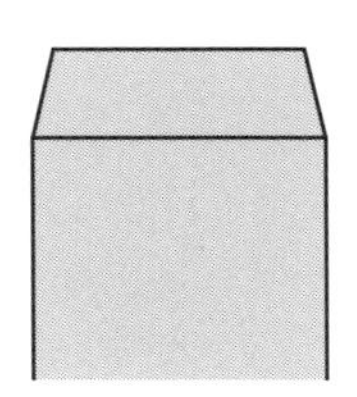

テーパー
●高精度な位置決め

球面
●相手部品を傷つけにくい形状

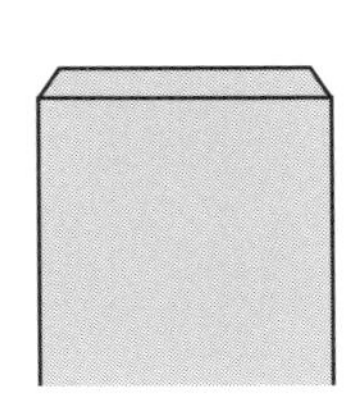

フラット
●省スペース性を重視

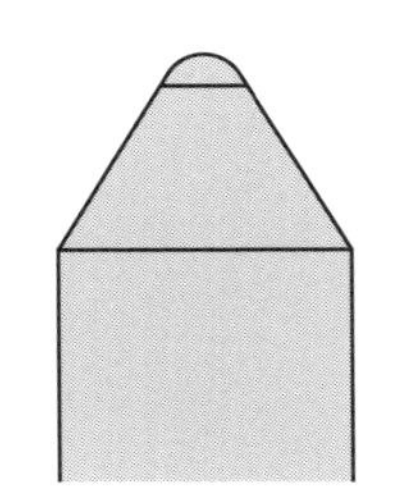

尖り
●挿入前の位置にばらつきが大きい場合に使用

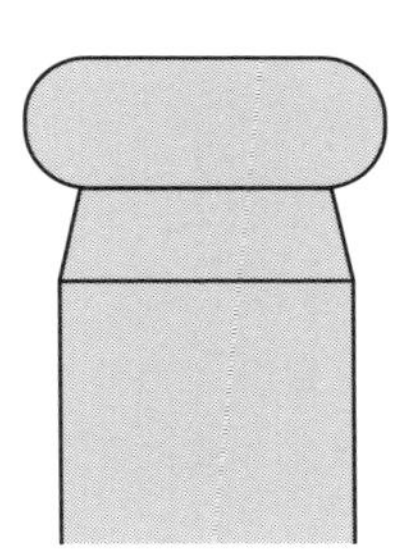

クビレ
●多少の傾きを許容する形状

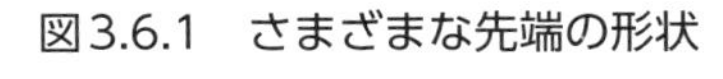

図3.6.1　さまざまな先端の形状

● 先端形状はテーパー、球面、フラット、尖り、くびれなど！
● 先端形状は挿入のしやすさや組み立て精度に影響する！
● 用途に応じた形状選びが、作業性アップのカギ！

3.7 そもそも位置決めってなんだ？

前述の通り、ピンの一番基本的な役割は「部品の位置を決めること」です。これを「位置決め」と呼びます。本項では、そもそも位置決めとは何なのかを考えていきましょう。

位置決めの目的は、2つの部品の位置関係を精度よく保つことです（**図3.7.1**）。位置決めで重要なポイントは2つあります。まず、部品を正しい位置に案内することです。誰が作業しても、その技能にかかわらず、必ず同じ位置に精度よく案内してくれます。位置決めの名の通り、ぴしっと位置が決まるのです。もう一つのポイントは、その位置を保つことです。外から力がかかっても、ズレることなく正しい位置をキープできる、これも位置決めで必要な機能の一つです。では、そもそもなぜ位置決めが必要なのでしょうか。機械を設計するうえで、位置決めが必要になる場面を考えてみましょう（**図3.7.2**）。

1つ目は、組立時の精度の確保です。精密機械の組立時には、各部品が正確な位置に配置されることが求められます。機械が精度よく動作するためには、あらゆる部品が精度よく配置されている必要があります。ただし、そのすべてをピンなどの位置決めで決めるのは現実的ではなく、実際には作業者の技能による調整作業が必要です。ピンでの位置決めが特に求められるのは、最初の基準です。まず土台部分の位置をしっかり決めなければ、その後、いくら調整しようともズレていってしまいます。そのため、機械の調整の土台となる部分には特に位置決めが必要となります。

2つ目は、メンテナンス時の再現性の確保です。機械のメンテナンスでは、部品を取り外して点検や修理を行った後、再度同じ位置に正確に取り付けることが重要です。位置決めピンや他の位置決め手段がないと、再組立時に部品が微妙にズレてしまい、それが原因で機械の動作不良や性能低下を引き起こす可能性があります。特に、実際に機械が使われている現場では、十分な工具やスペースのない状態で作業を行うこともあります。機械を修理するサービスマンは時間に追われているので、現地で部品の取り付け位置を再調整するのは現実的ではありません。メンテナンスを考えた位置決めの配慮が重要です。

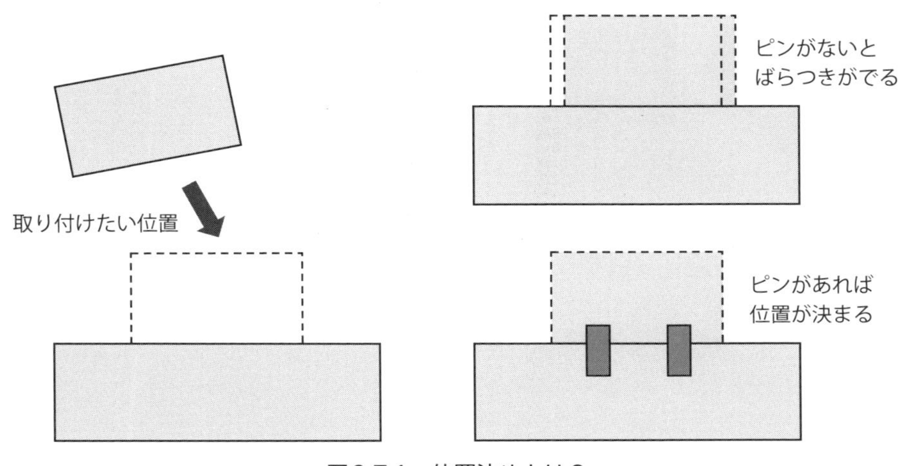

図3.7.1　位置決めとは？

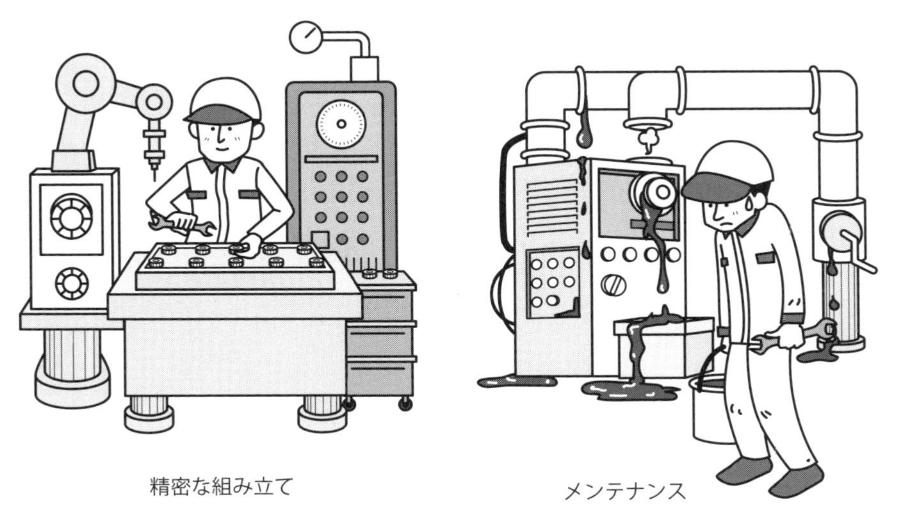

図3.7.2　なぜ位置決めが必要？

- ピンの位置決めは「正確な位置を保つ」ために超大事！
- 組立やメンテで部品がズレないようにサポート！
- 精密さと再現性アップに欠かせない役割！

3.8 位置決めの基礎 ～3-2-1の法則～

位置決めの重要性がわかったところで、次はピンによる位置決めをどのように行うのかを理解しましょう。ピンで位置を決めるからといって、やたらめったら穴だらけにしてピンを打ち込めばいいというものではありません。過ぎたるはなお及ばざるがごとし。過剰なピンや間違った配置は、逆に位置決めを阻害することになりかねません。位置決めの基礎の基礎ともいえる法則を学びましょう。

位置決めの基本法則として「3-2-1の法則」というものがあります（**図3.8.1**）。これは、矩形部品に対して、外形を基準として位置決めする時の基本法則です。「3-2-1」という数字は、矩形部品の位置を決めるために必要な支持点の数を示しており、これより多くても少なくても位置が安定しません。まず、どこかの面を3点で支持することで、3点が生み出す面で位置を決めます。次に、別の面を2点で支持することで、2点が生み出す線で位置を決めます。最後に、さらに別の面を1点で支持することで、その点で位置を決めるのです。面、線、点で支持することで初めて正確に部品の位置が定まります。

「いやいや、3-3-3でも位置が決まるじゃないか」と思うかもしれません。理屈の上ではそれでも成り立ちますが、実際に3面で位置を決めようとすると、全面が寸分の狂いもない完璧な直角で、かつ完璧な平面でなければなりません。現実の部品にはバラつきがあり、完璧な直角や平面を実現するのは不可能です。したがって、3-2-1の法則が基本となります。

ただし、実際の部品では3点で支える部分は、平面で支えることになります。位置決めだけを考えれば3点の支持でよいのですが、実際はこの部品をねじで締結したり、何らかの力を受ける必要があります。3点の棒で支えられているような状態では、部品としては成り立たないため、現実では平面で支えるのです（**図3.8.2**）。3-2-1の法則は、あくまでも位置を決めるための基本的な法則であり、実際の位置決めには多少の違いが生じる場合もあります。しかし、部品の位置決めを考えるうえでは非常に重要な法則なので、正しく理解しておきましょう。

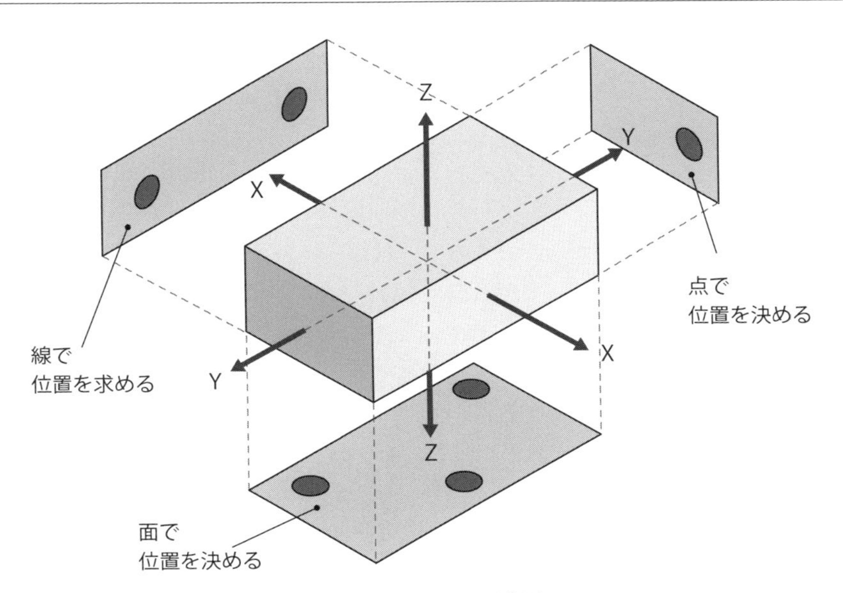

図3.8.1　3-2-1の法則
（ナベヤHPを元に作成）

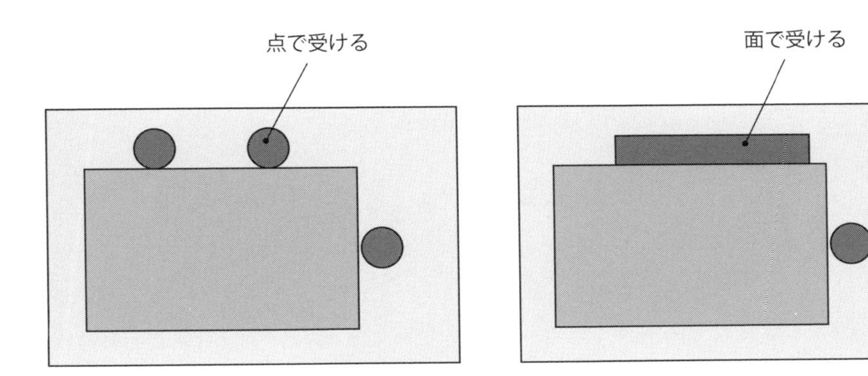

図3.8.2　実際の位置決めの例

- 位置決めには「3-2-1の法則」が基本！
- 3点で面、2点で線、1点で点を支えて位置を決める！
- 過剰なピン配置は逆効果、法則を守って安定位置を確保！

3.9 よくある位置決め3パターン

位置決めの基本が理解できたところで、部品の外形を使った位置決めの定番となる3つのパターンを紹介します（**図3.9.1**）。これ以外の方法もありますが、ここで紹介するのは実際の設計でよく使われる形状です。

ピン当たり

3本のピンを用いた位置決めです。1面を2点、別の面を1点で位置決めしており、3-2-1の法則に従っています。ピン穴を3か所あけるだけでよいため、非常に低コストで位置決めを実現できます。ただし、ピンとの接触面積が少ないため、負荷を受ける部品には向きません。この状態で負荷を受けてしまうと、ピンとの接触部分だけが凹む可能性があります。あくまでも負荷を受けない部品で位置を決めたい場合に用いるとよいでしょう。

面とピン

1面を面、別の面をピンで位置決めしたパターンです。この形状は3-3-1のようになっています。位置決めとしては面で受けるのは好ましくないのですが、部品が一方向の大きな荷重を受ける場合はこの形が安定します。部品の面で荷重を受けられるので、部品の強度計算次第で負荷能力を向上させられます。

面と面

2面を面で位置決めしたパターンです。この形状は3-3-3のようになっています。これもまた位置決めとしては無駄が多いですが、部品の加工的にはピン穴をあけるよりも低コストで済む場合もあります。注意点として、角となる部分には逃がしの加工が必要です。相手部品に面取りを施してもよいでしょう。それを忘れると、角の部分で部品が浮いてしまい、正しい位置決めができなくなります。

どのパターンを使用するにしても、意識しておくべきは部品の突き当て方法です。どのように部品を基準ピン（面）に突き当てるか、考えておきましょう。ピン当たりの場合、強く抑えると変形を招くので、手で押さえながらボルトで締結するとよいでしょう。面当たりの位置決めをする場合、部品のサイズや重量によっては手の力だけで面に当てきれない場合があります。押しボルトで押さえながら固定できるように部品を追加したり、治具を準備しておくとよいでしょう。

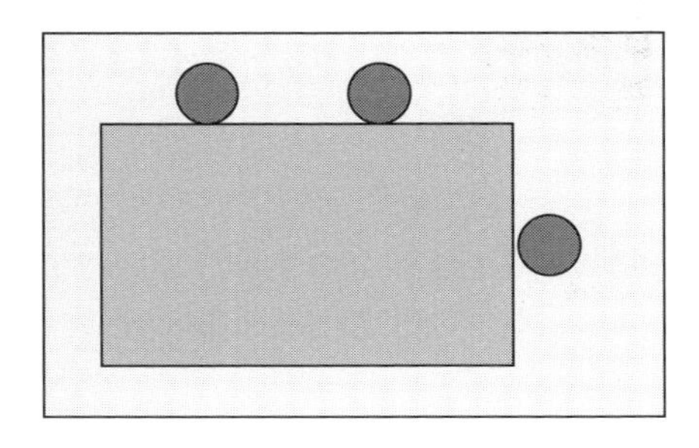

ピン当たり

●3-2-1の法則に従った効率的な位置決め
●負荷を受ける部分には不向き

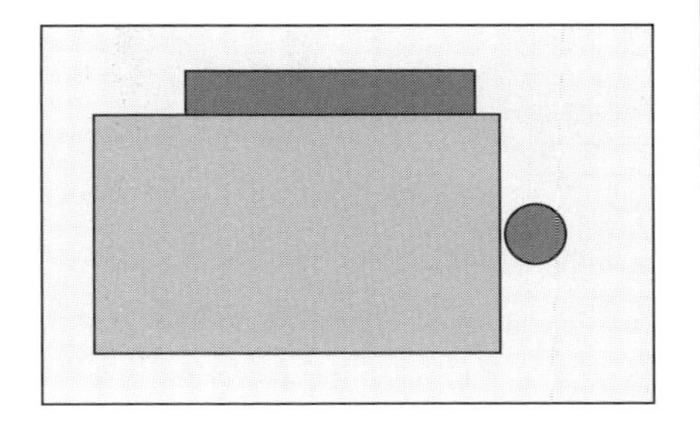

面とピン

●一方向に大きな力がかかる場合、点より面で受けるほうがよい

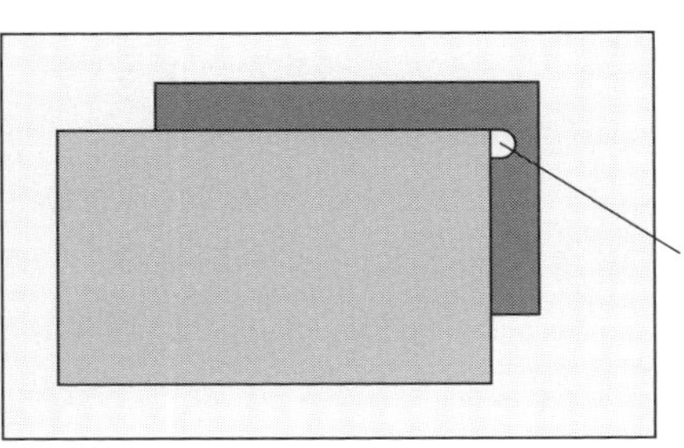

面と面

●ピンを使用するより安価に済む場合がある
●逃がし加工が必要

図3.9.1　位置決めの基本となる3つのパターン

● ピン当たり：3本のピンで低コスト、大きな負荷は苦手！
● 面とピン：面で負荷を受け、安定した位置決めが可能！
● 面と面：加工コストは低いが、角の逃がし加工が必要！

3.10 ピン穴を使った位置決め

部品の位置決めでは、外形に沿わせるのではなく、部品にピン穴を設けてピンを打ち込むことで位置を決める方法もあります。実際の設計でもよく使われる方式です。基本的な考え方を学んでいきましょう。

まず、外形を使った位置決めと比べたときのメリットは、省スペースであることです。部品の大きさの中で位置決めが完結するので、余計なスペースを取りません。また、ピンを打ち込むことで位置決めができるため、ピンへの押し当てなどの組立手順や作業者による差を気にすることなく位置決めできます。後述しますが、ピンの数も少なくてすむのもメリットです。2か所あれば位置が決まるため、部品点数の削減にもつながります。

デメリットとしては、部品に位置決め用のピン穴をあける必要がある点です。部品によってはピン穴を設けるのが難しい場合もあります。また、穴をしまりばめにして圧入する場合には、部品の脱着に手間がかかります。頻繁に脱着を繰り返す箇所には不向きです。それぞれに良し悪しがあるため、部品の用途によって位置決め方法を選びましょう。

ピン穴で位置決めをする場合、基本的にはピンを2本使用します（**図3.10.1**）。2か所でしっかりと位置を決めるというより、1か所が位置決めの基準となり、もう1か所はサポート役として基準に対する回転方向の位置を決めるといったイメージです。そのため、ピンとピンの距離はなるべく広く取るのが理想的です。同じサイズのピン穴で隙間が同じであっても、ピン同士の距離が違うだけで、位置決めによって決まる範囲が大きく変わります。したがって、実際にピンの配置を考える際は、ピン同士の距離をできるだけ取れるように対角に設置するのがセオリーです（**図3.10.2**）。対角でなくても、部品の中でもっとも距離が取れる配置にするのがよいでしょう。

2つのピンに距離があるから位置が決まる……少し遠距離恋愛にも似ているかもしれません。2人の距離が愛を育てるように、ピン同士の距離が位置を安定させるのです。

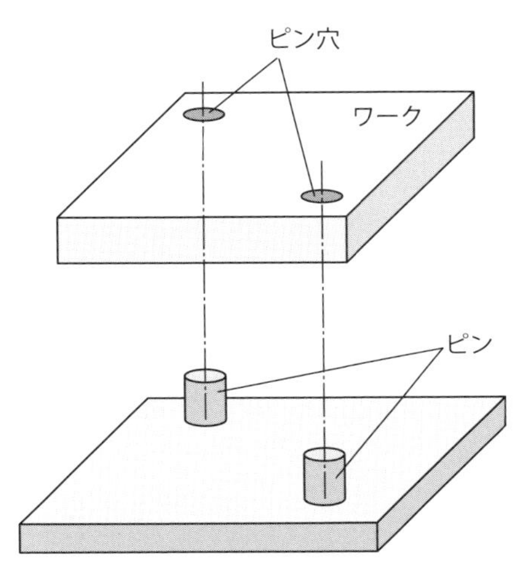

図3.10.1　ピン穴による位置決め

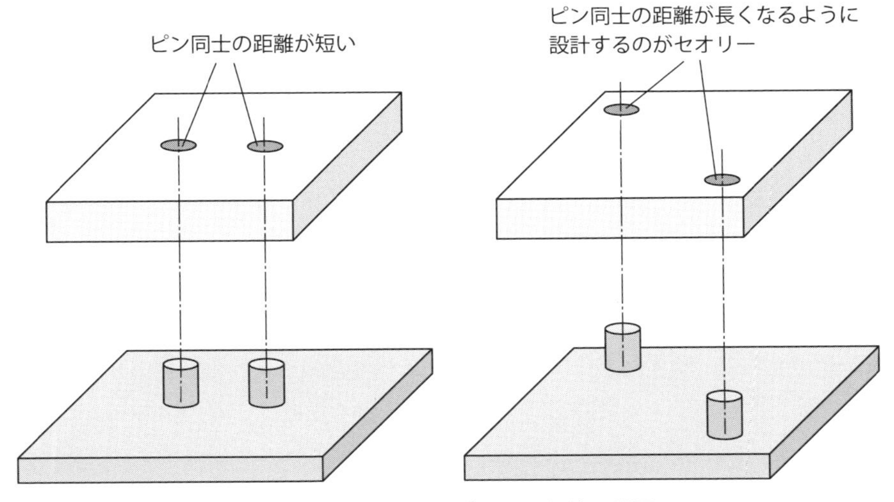

図3.10.2　位置決めピンの理想的な配置

- ピン穴位置決めは、省スペースで位置決め精度が高い！
- ピン穴加工が必要で頻繁な脱着には不向き！
- 距離を取って配置することで安定した位置決めが可能！

3.11 ピン穴の形状の考え方

位置決め用のピン穴の形状やピンの種類について考えていきましょう。「ピンなんだから、丸でしょ」と思うかもしれませんが、そうとも限りません。3.10で書いたとおり、ピンの位置決めの基本は、片側が基準、もう片側は補助です。基準側は丸でよいですが、補助側にはさまざまな考え方があります。本項ではそれを学びましょう。

まずは基本的な形である、両方が丸穴の場合を考えていきましょう（**図3.11.1**）。丸穴に丸ピンを入れて位置を決める基本形です。位置決めとしてはこれで何の問題もありませんが、少し厄介な点があります。それは穴同士の距離（ピッチ）のバラつきです。ピン側のピッチと穴側のピッチがズレると、場合によってはピンが入らなくなってしまいます。そのため、ピッチにバラつきがあってもピンが入るような寸法公差を指定する必要があります。

ピン配置のセオリーとして、ピン同士の距離はなるべく離した方がよいとされています。そのため、部品の設計ではピッチを長くしたいと考えます。一方で、距離が長いほどピッチのバラつきも大きくなりやすく、寸法公差として厳しい条件を求めなければなりません。これが難しいトレードオフになりやすい部分です。

ピッチ方向の公差が厳しい場合には、ピッチ方向に逃がしを設けた形状にするのが効果的です（**図3.11.2**）。ピン2か所での位置決めでは、補助側のピンで回転方向を抑えられればよいため、ピッチ方向は逃がしを設けても問題ありません。

逃がしの方法は主に2つあります。1つ目は長穴を用いることです。片側を長穴にすることで、ピッチ方向の寸法誤差を気にすることなく、ピンでの位置決めができます。ただし、ピンと接触が線接触になるため、あまり精度のよい位置決めには向きません。

そこで、ピンと穴の接触長さを確保しつつピッチ方向に逃がしたい場合に用いるのが、2つ目の方法であるダイヤピンの活用です。ダイヤピンは、その名の通りダイヤのような形をした特殊なピンで、接触長さを稼ぎながらピッチ方向に逃がせる便利なピンです。必要に応じて活用するとよいでしょう。

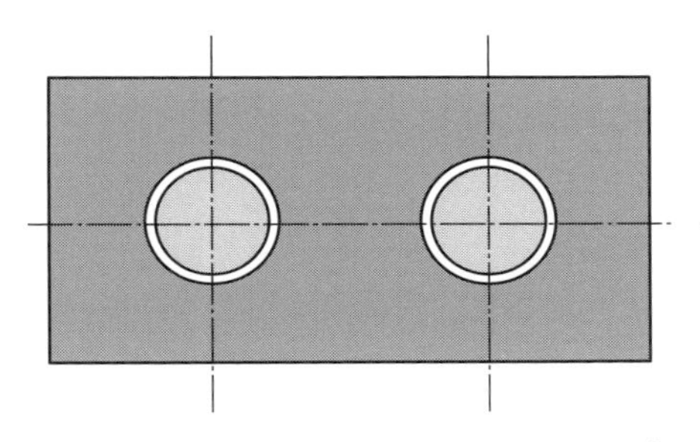

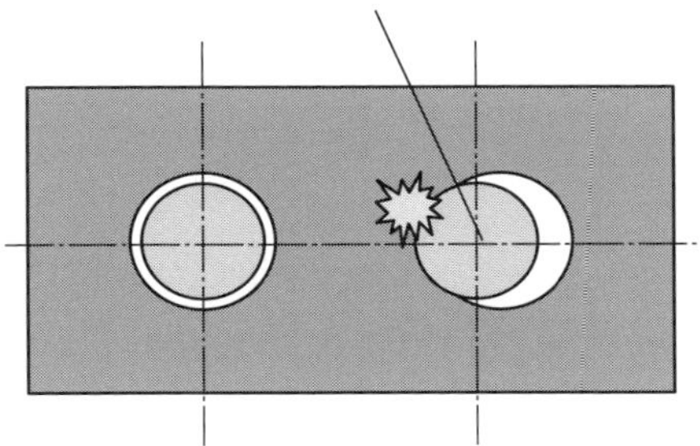

図3.11.1　ピンの基本的な配置

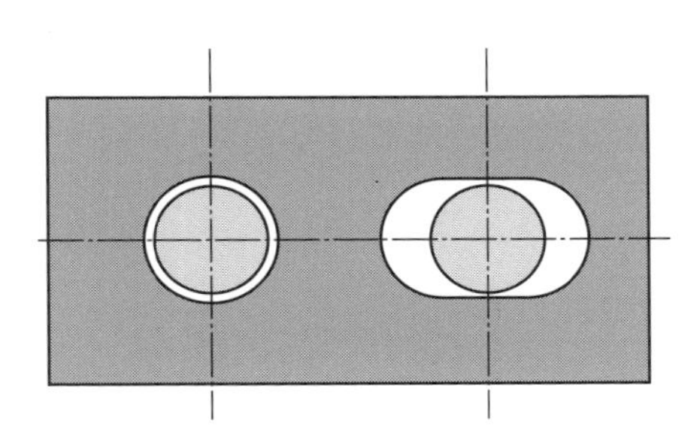

補助側を長穴にする

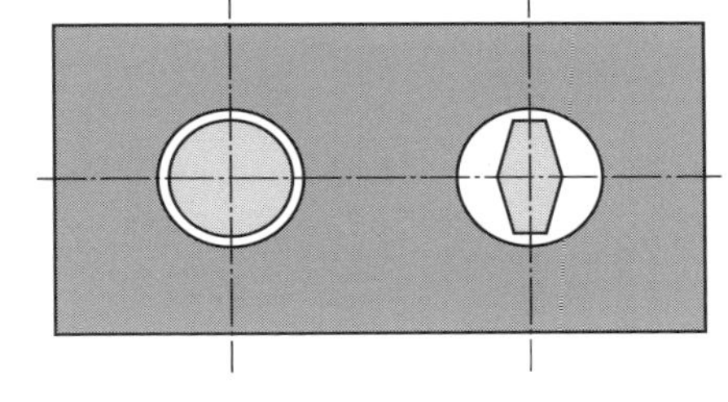

ダイヤピンを使用する

図3.11.2　ピッチ方向の逃がし

● 位置決めピンは片側が基準、もう片側で誤差を逃がす！
● 補助側には長穴やダイヤピンが便利！
● ダイヤピンは精度を保ちつつ、ズレを吸収できる！

3.12 ピンの公差設計を考える（はめあい編）

ピンを配置する際に考えるべき寸法公差について具体的に学びましょう。まずはピンと穴の径の寸法公差であるはめあいについて知りましょう。

はめあいとは、棒を穴にはめ込むときに適用される寸法公差のことです。はめあいでは、**図3.12.1**のように軸が穴よりも小さいときの差を「すきま」、**図3.12.2**のように軸が穴より大きいときの差を「しめしろ」と呼び、このすきまとしめしろの範囲を寸法公差によって決定します。ピンと穴のすきまが狭ければ狭いほど位置決めの精度はよくなりますが、組み立て時の挿入の際に苦労します。逆にすきまが大きければ、遊びがあるため位置決め精度は劣りますが、組み立てが容易になります。「はめあい」には、「すきまばめ」、「中間ばめ」、「しまりばめ」の3つのパターンがあります。

すきまばめ

ピンと穴の間にすきまがあるはめあいです。すきまがあるため、組み立てや分解は容易です。ただし、すきまの分だけ位置がずれる可能性があり、位置決め精度が低くなります。

しまりばめ

ピンと穴の間にしめしろがあるはめあいです。穴よりも軸が大きいため、部品は圧入して取り付けます。一度組み付けた後は容易に分解できません。

中間ばめ

すきまばめとしまりばめの中間のはめあいです。部品のばらつきによって、すきまができたり、しめしろができたりすることがあります。

ピンに用いられるはめあいには絶対的な正解はなく、部品ごとに求める要件によって異なります。一般的な目安としては、外形への押し当てで位置決めするピンには「しまりばめ」か「中間ばめ」、部品にピン穴を設けて位置決めする場合は「すきまばめ」を選択するのがよいでしょう。部品にピン穴を設ける場合、前述のとおり、2か所のピン穴を設けます。もしこれを中間ばめやしまりばめにしてしまうと、穴位置の精度によっては物理的に挿入できなくなる寸法関係になる場合があります。何事も根詰めてはいけません。適度な余裕が必要です。

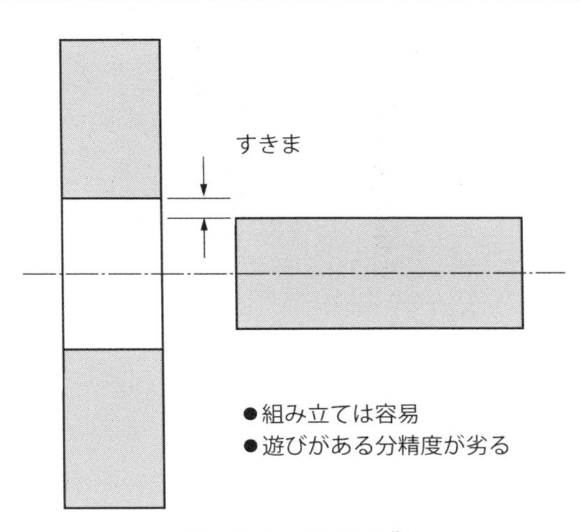

図3.12.1　すきまばめ
（ものづくりウェブHPを元に作成）

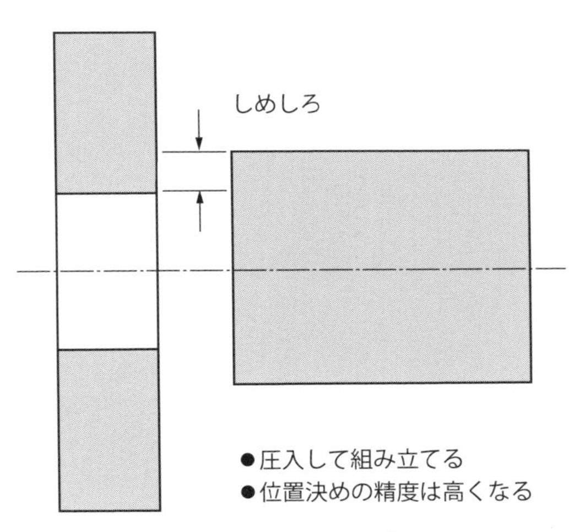

図3.12.2　しまりばめ
（ものづくりウェブHPを元に作成）

- はめあいはピンと穴のすきま具合を決まる！
- すきまばめ（ゆるい）～しまりばめ（キツい）まで３種類！
- 精度と組みやすさのバランスが大事！

3.13 ピンの公差設計を考える（ピッチ編）

ピンの公差においては、ピン穴自体の位置の寸法公差もきわめて重要です。位置決めのためのピンである以上、そのピン自体の位置がズレていたら本末転倒です。ピンの位置に対してどのような公差が必要なのかを見ていきましょう。

まず考えるべきは基準のピンの位置です。部品に対して2本のピンで位置を決める場合、片方が基準で片方が回り止めの役割を果たします（3.11）。重要なのは、この基準のピンの位置をどのように指定するかです。位置決めしたい部分によって寸法の指示が変わります。たとえば、どこかの面を基準としたい場合は、両方の部品とも、**図3.13.1**のように寸法を振ったほうがよいでしょう。特に明確な基準がない場合は、加工基準から寸法を振るとよいでしょう。

基準のピンが決まったら、次に考えるべきはピン同士の距離、すなわち「ピッチ」です。ピンのすきまやピッチのばらつきを考慮して、どれほどばらついても必ずピンが収まるような寸法公差を計算します。ピッチのばらつきにより、片側のピンのすきまがなくなってしまうと、ピンが浮いて組み立てができなくなることがあります。そうならないように、**図3.13.2**のような考え方に基づき、ピッチ公差を計算します。

なお、この計算ではピッチ公差を直線距離で計算していますが、実際の設計では距離を稼ぐためにピンを対角に配置することも多くあります。この場合、ピン同士の距離をそのまま測って公差を指定すると加工側で計算が複雑になるため、水平・垂直に換算して公差を指定したほうがよいでしょう。3.12で紹介したピンのはめあいも関わってくるため、ピッチが成り立つかどうかを考慮しながら、はめあいも同時に検討する必要があります。

なお、ピンを当てとして使う位置決めの場合は、このようなピッチ公差を厳密に考える必要はありません。重要なのはピンの接線で正しく位置決めができるかどうかなので、ピン自体の位置公差とはめあいだけを考慮すればよいでしょう。ピンによる位置決めにはさまざまなバリエーションがありますが、基本的には基準のピンの位置を最初に考え、その後、組み立てが成り立つようにはめあいと穴ピッチを考えるという手順を踏むことで、スムーズに設計が進みます。

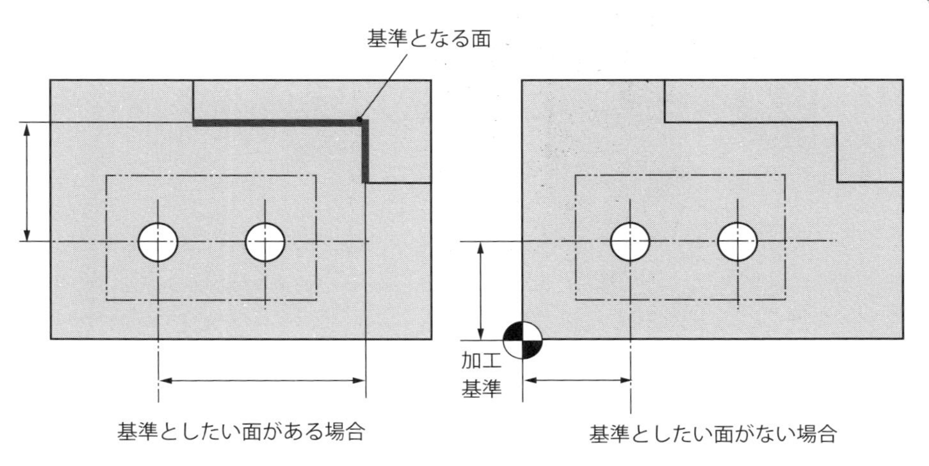

図3.13.1　ピン穴の寸法指定

【限界中心位置】

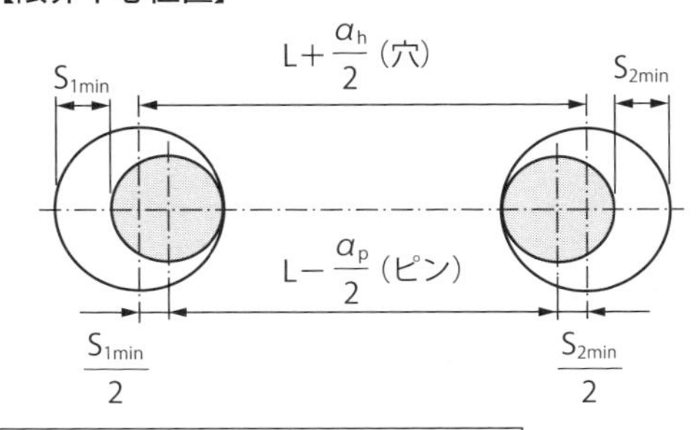

L	穴とピンの中心間距離
a_h	穴の中心間距離の公差幅
a_p	ピンの中心間距離の公差幅
S_{1min}	左穴とピンの最小スキマ
S_{2min}	右穴とピンの最小スキマ

〈位置決め可能な条件〉

$$S_{1min}+S_{2min} > a_h+a_p$$

〈計算式〉

$$(L-a_p/2)+(S_{1min}/2+S_{2min}/2)>(L+a_h/2)$$
$$S_{1min}/2+S_{2min}/2 > a_h/2+a_p/2$$
$$S_{1min}+S_{2min} > a_h+a_p$$

図3.13.2　ピンのピッチ公差の考え方

（『はじめての治具設計』（西村仁）を元に作成）

- ピン位置公差は重要で、特に基準ピンの位置を正確に指定！
- ピン間の距離（ピッチ）も公差を考慮し、ズレないように設定！
- 基準ピン→ピッチ公差→はめあいの順で考えると設計がスムーズ！

3.14 ピンの固定方法

ピンと言うと、ピン穴に打ち込むというイメージが強いかもしれませんが、実際に打ち込んでいるだけでは完全に固定されているとは言い難いです。はめあいによっては、ピンが容易に外れてしまうこともあります。ピンをピン穴に固定する方法やその考え方を見ていきましょう。ピンを固定する方法は、大きく分けて2種類あります。

圧入

はめあいを用いて、しめしろによりピンをピン穴に固定する、もっともスタンダードな固定方法です（**図3.14.1**）。圧入により、ピンがピン穴に対して非常に強く固定されます。専用のピン抜き工具を使用しなければ抜くことはできません。しかし、はめあいの公差管理が難しく、加工コストが上がります。

基本的には、基準となる部品側を中間ばめ、もしくはしまりばめにしてしめしろを設け、圧入を行います。圧入する深さは、ピンの直径の1倍から1.5倍の長さを基準とするのが一般的です。相手側の部品には、組み立てが成り立つように必要なはめあい公差を検討し、指示します（3.13参照）。

ねじ止め

ねじを用いてピンを固定する方法です（**図3.14.2**）。ピン自体におねじが切ってあるものや、部品側にめねじを設けてボルトで固定するものなど、さまざまな固定方法があります。ピン穴との関係はすきまばめとなっており、ピンの取り外しが容易であるのが特徴です。位置決めを繰り返し行うような箇所では、ピンが摩耗することがあります。そういった箇所のピンは、メンテナンスを考慮してピンの定期交換が容易にできるように、ねじ止めタイプを用いるとよいでしょう。

さまざまな固定方法がありますが、方法は異なっても、どれもピンのメンテナンスを目的としています。ピンの固定は、機械の構造に合わせて、保守作業をイメージしながら適切な方法を選びましょう。

機械の設計でよく用いられるのは圧入です。メンテナンスが必要な治具などには、ねじ止めタイプがよく用いられます。その他の固定方法として、接着剤を用いた固定もあります。

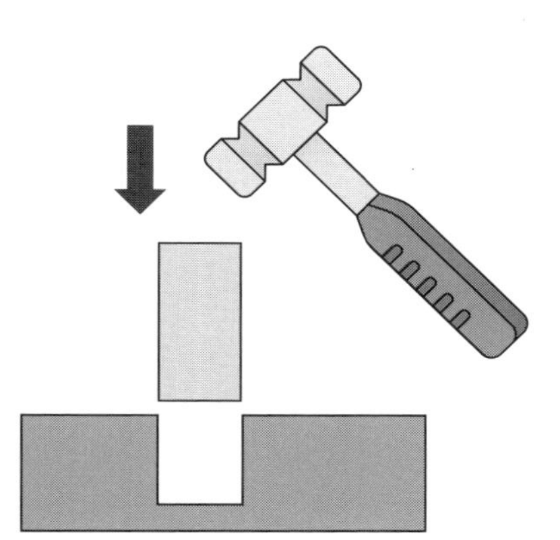

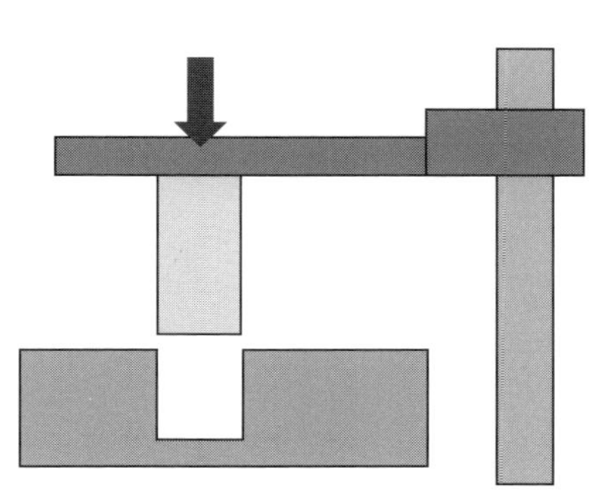

図3.14.1　ピンの圧入

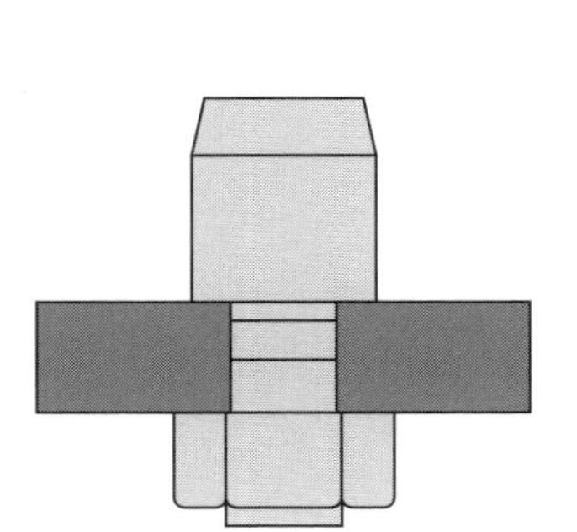

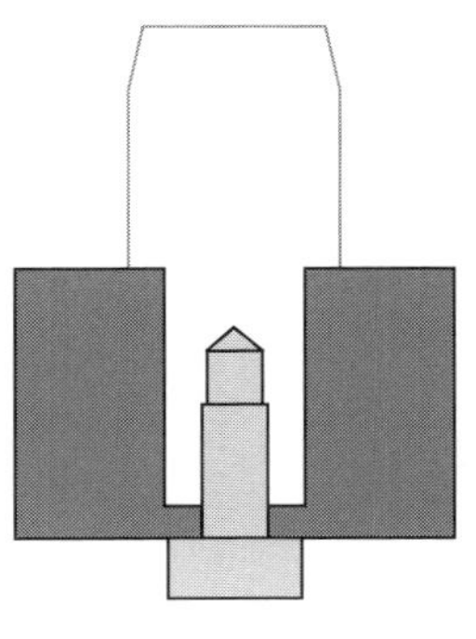

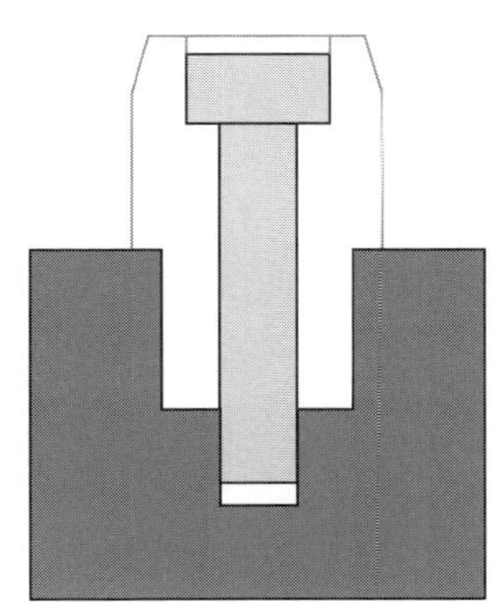

図3.14.2　ピンのねじ止め

- 圧入：しめしろでピンを強力に固定、取り外しにくい！
- ねじ止め：すきまばめで簡単に固定・取り外し、メンテしやすい！
- 用途に応じて圧入かねじ止めを選び、保守性も考慮する！

3.15 ピンの強度計算

ここからは、ピンで力を受ける場合の考え方について説明します。ピンは位置決めのほか、力を受け止めるためにも用いられます。たとえば、**図3.15.1**のような配置の場合、部品が横にずれる方向の力をピンが受けることになります。2.14のとおり、ボルト自体ではこの方向の力を受けることができないため、ボルトの代わりにピンが力を受けることになります。このとき、ピンにはまるでハサミで紙を切るかのごとく、部材を真横から切断する力が働きます。この現象を「せん断」といい、発生する力は「せん断力」と呼ばれます。せん断に関わる指標を一つずつ見ていきましょう。

まず、**図3.15.2**のような状態のピンがあったとしましょう。このとき、ピンにかかる力Fがせん断力です。ピンの強度計算を行う際には、このせん断力に対してピンが破損しない径を求める必要があります。そこで重要になるもう一つの指標が「せん断応力」です。応力とは、物体に対して単位面積あたりに作用する力です。発生したせん断力をピンの断面積で割れば、それがせん断応力です。ピンの直径をdとすれば、せん断力とせん断応力の関係は以下のようになります。

$$\text{せん断応力}\tau = \frac{\text{せん断力}F}{\text{断面積}A} \quad \left(\mathrm{A} = \frac{\pi d^2}{4}\right)$$

ここで仮に数字を設定して、ピンにかかるせん断応力を計算してみます。仮にピンの直径を8 mm、せん断力を1000 Nとしましょう。まず断面積は50.2 mm^{2}です。せん断力を断面積で割ったものがせん断応力ですから、せん断応力は20 N/mm^{2}です。単位としては、MPa（メガパスカル）で表すこともできます。

せん断応力が計算できましたが、ここで終わりではなく、ここからが重要な設計計算の始まりです。発生しうるせん断応力によってピンがせん断しないかどうかを検証する必要があります。材質や使用条件、ピンの種類によって「許容せん断応力」が定まります。発生するせん断応力が許容せん断応力よりも小さくなるように、ピンの設計を行っていきます。

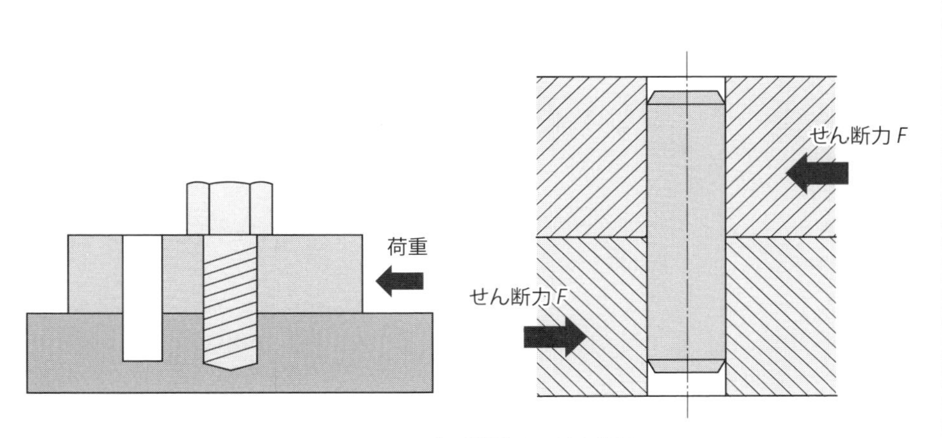

図 3.15.1　ピンが受けるせん断力

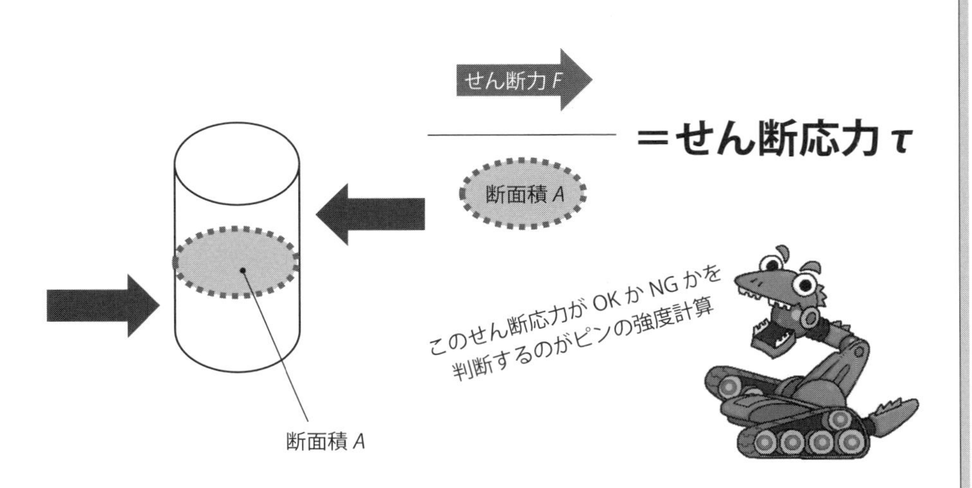

図 3.15.2　ピンが受けるせん断応力

- ピンは「せん断力」で横方向の力を受け止めることがある！
- せん断応力＝せん断力÷ピンの断面積で計算！
- 計算結果が許容せん断応力を下回るよう、ピンの強度を設計！

3.16 ピンの許容せん断応力について

ピンの許容せん断応力について考えていきましょう。強度計算を行うためには、「降伏応力」と「安全率」を知る必要があります。

降伏応力

降伏応力とは、塑性変形が始まる応力のことです。**図3.16.1**に一般的な鋼材の応力-ひずみ曲線を示します。これは横軸にひずみ、縦軸に応力を取った曲線で、材料の強度を表す非常に重要な指標です。弾性限界以上の応力がかかると、塑性変形という外力を取り去っても元に戻らない変形を起こします。もしピンが力を受けて変形し、元に戻らなくなったら困りますよね。したがって、ピンの強度設計では、弾性変形しない応力内に収まるようにする必要があります。この限界のことを降伏応力と呼び、ピンを設計する際は、この降伏応力が重要な指標となります。

なお、降伏応力は材料によって異なり、種類によっては明確に降伏点が現れない材料もあります。その場合は、「0.2%耐力」という指標を降伏応力の代わりに用います。特に、ピンの材質としてよく用いられるステンレス鋼などは、降伏点が現れない代表的な材料の一つです。ピンを選定する際は、材質を確認し、材料ごとの物性をチェックしましょう。

安全率

降伏応力さえ定まったらピンの強度計算ができるかといえば、そうではありません。安全にものを使用するためには、基準に対する余裕が必要です。その余裕のことを「安全率」と呼びます。安全率とは、予期しない欠陥や製品のばらつき、想定外の外力など、予想できない事態にも対応できるように設定する余裕です。基準とする応力を安全率で割ったものが「許容応力」となります。

安全率の値は、機械ごとの設計的なノウハウに基づいて決定されますが、おおよその目安を**表3.16.1**に示します。安全率を大きく取ればそれだけ安全ですが、ピンはどんどん太くなっていきます。そのため、使用状況に応じた適切な設定が必要です。ピンの強度計算では、ピンの降伏応力に対して安全率を取ったものを「許容せん断応力」として計算を行います。

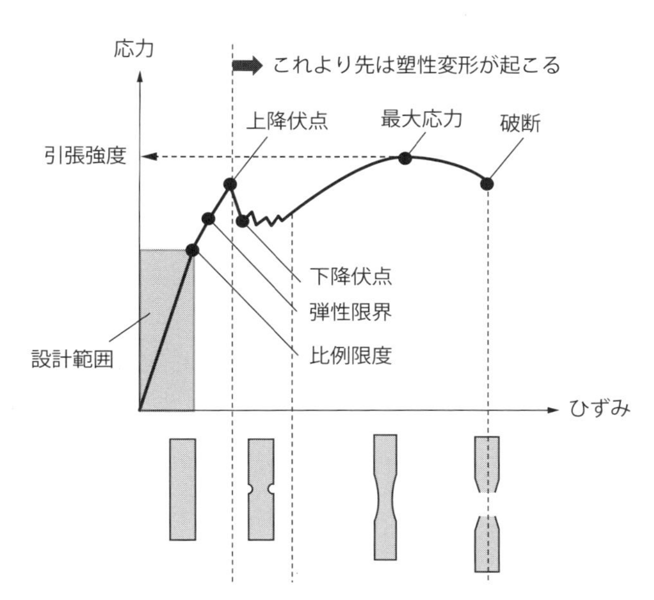

図 3.16.1　降伏応力と材料のせん断の様子
（ものづくりウェブ HP を元に作成）

表 3.16.1　材料ごとの安全率

材料	静荷重	繰り返し荷重（片振）	繰り返し荷重（両振）	衝撃荷重
鋳鉄	4	6	10	15
軟鋼	3	5	8	12
鋳鋼	3	6	8	15
銅	5	6	9	15
木材	7	10	15	20

- 降伏応力：変形し始める限界の応力で、材料ごとに異なる！
- 安全率：余裕を持たせるための係数。降伏応力を基準に設定！
- 許容せん断応力＝降伏応力÷安全率で、ピンの強度を確保！

3.17 ピンの配置を考えよう

ここからは具体的な事例に基づいて、ピンを用いた設計を考えていきましょう。ぜひ、自分が実際に設計をしているつもりで読み進めてみてください。

まずは装置の構想を見てみましょう（**図3.17.1**）。エアシリンダーを用いた機構です。シリンダーのストローク端付近にストッパーが設置されており、ここがぶつかることで位置決めを行う機構となっています。エアシリンダーを用いた機構ではよく使われる形です。では、この機構を見渡して、ピンが必要そうな箇所はどのあたりでしょうか。考えてみましょう。力を受ける箇所……といったら、上述したようにストッパーが該当しそうですね。

ストッパーのブラケットをピンで位置決めできるとよいでしょう。その理由は2つあります。一つ目は、部材が衝撃を受けるからです。位置決めのたびにエアシリンダーに押された部品が衝突します。この衝突の力はボルトでは受けられないため、ピンで受けるようにするべきです。もう一つの理由は、部品の摩耗です。接触する部分は使っていくうちに摩耗していくため、いずれメンテナンスを行う必要があります。その際にピンがあれば、ストッパーを同じ位置に取り付けられます。これらの理由から、ピンがあったほうがよいと判断できますね。

次にピンの配置を考えてみましょう。この場合、衝撃力は片側のみですので、一見すると**図3.17.2**のように外形を利用したピンの位置決めでも問題なさそうにも見えます。ただし、力を受ける個所がピンから離れているため、部品がピンを起点に回転するかもしれません。そうなってしまうと、ピンだけで衝突の力を受けられなくなってしまいます。ストッパーが回転する方向にずれるのを避けるためには、ピンを2箇所に打ち込むのがよいでしょう。もしピンを使いたくない場合、取り付け側を加工して掘り込み、当て面を作るという方法もあります。部品点数を減らしたい場合は、このような方法もおすすめです。

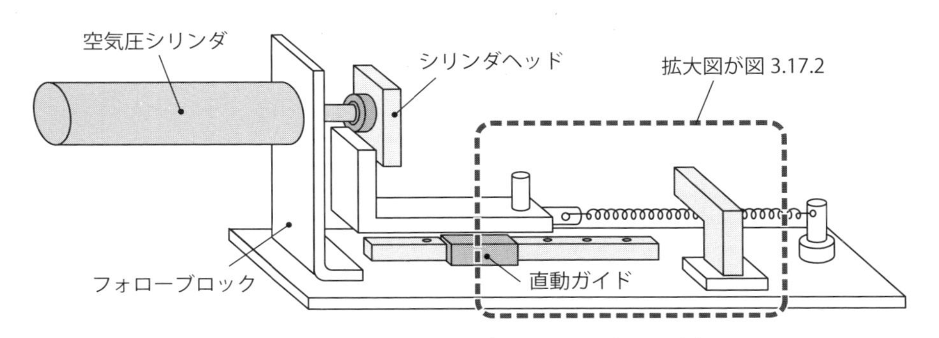

図3.17.1　エアシリンダーを用いた装置の例

（『必携「からくり設計メカニズム 定石集 Part2」』（熊谷英樹）を元に作成』）

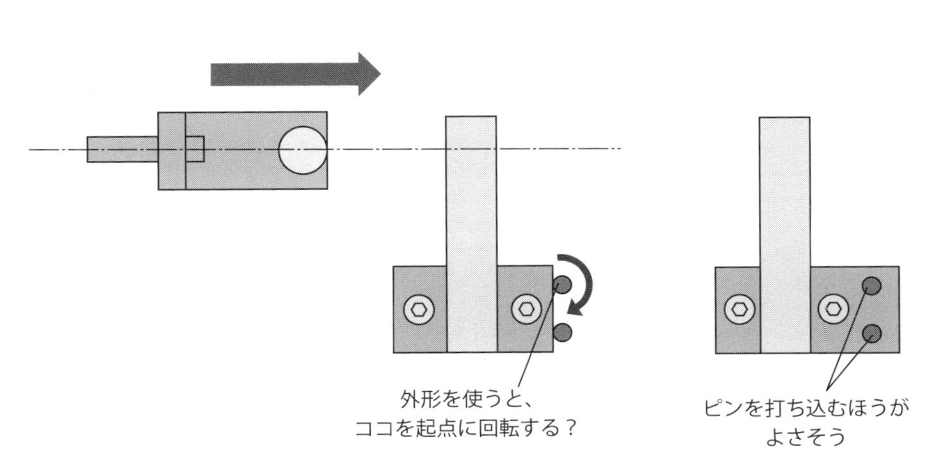

図3.17.2　ストッパーにピンを付けるなら？

- ストッパーは衝撃と摩耗があるのでピンで固定が◎！
- 回転を防ぐため、ピンは2箇所に配置！
- ピンなしなら、当て面加工で位置決めもOK！

3.18 ピンの配置を考えよう その2

もう一つ、異なるパターンを見てみましょう。まずは装置の構想を確認してください（**図3.18.1**）。

これは、よくある搬送装置ですね。サーボモータを使ってボールねじを回転させることで、ベースプレートの位置を移動させる機構です。ベースプレート自体は直動ガイドによって支えられています。この機構の場合、どの部分にピンを配置すべきか考えてみましょう。

この構造では、直動ガイド（LMガイド）とボールねじの位置関係が重要です。動きの基準は直動ガイドです。この直動ガイドに平行となるようにボールねじを配置、調整する必要があります。ボールねじを支えているのはボールねじサポート部であり、この部品をしっかりと位置決めする必要がありそうです。

まず、ボールねじサポートの役割ですが、図3.18.1のようにボールねじを支えるサポートベアリングが入っており、ボールねじ自体を支えています。部品は前側（部品A）と後ろ側（部品B）の二つの部品から成り立っています。ここで重要なのは、部品Aと部品Bの位置関係です。もしこの位置がずれてしまうと、ボールねじが曲がったり、うまく取り付けられなかったりと、さまざまな問題が起こります。そのため、部品Aと部品Bの位置はしっかりと定めておきたいところです。そこで、どのようにピンを活用すべきか検討する必要があります。

基準は直動ガイドです。この装置では、直動ガイドが基準として加工されているので、そこからピン穴の距離の公差を指定すれば、基準に対しての位置がおおよそ決まりそうです。ピンの配置は、条件によってさまざまなパターンが考えられます。ピンと公差だけで必要な平行度が出せそうなら、そのまま部品に打ち込んでしまってもよいでしょう。ピンの公差だけでは位置が決まらない場合、外形に当てる形にして、組み付け後に微調整を行えるようにするとよいです。位置決めピンは最終の位置を決めるだけでなく、調整前の位置をある程度正しい位置に決めて、調整を楽にするという使い方もあります（**図3.18.2**）。

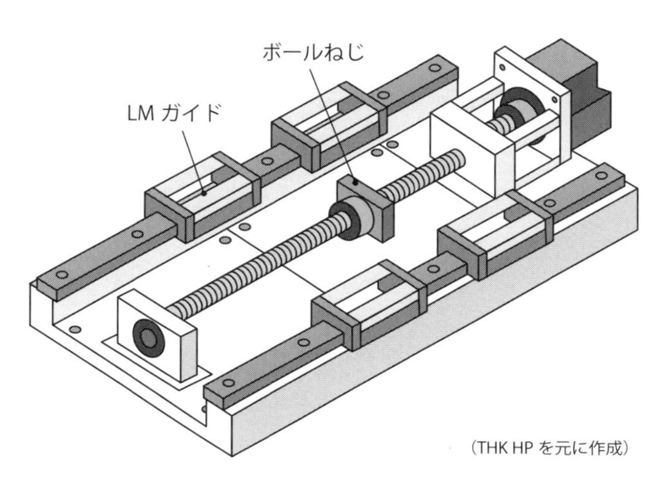

図3.18.1　ボールねじを用いた装置の例

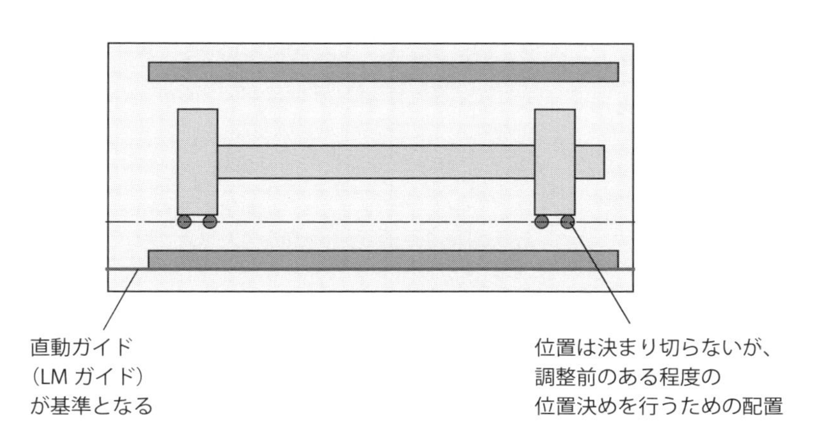

図3.18.2　ピンの配置を考える

- 搬送装置のボールねじサポート部にピンを使って位置決め！
- 直動ガイドを基準にピンの公差を指定すると位置関係が安定！
- 微調整が必要な場合は、外形で位置合わせも検討！

ピンからキリまで

本章ではピンの役割・使い方について紹介しましたが、ここでは「ピン」という言葉について少し深掘りしてみましょう。日常生活で「ピン」という言葉を使う場合、機械部品の話よりも「ピン芸人」や「ピンからキリまで」といったところで使われますよね。実はこれらの「ピン」は、機械のピンとは語源や意味がまったく異なります。つまり、同じ「ピン」でも別の言葉なのです。

まず、「ピン」という言葉に「一人」という意味があります。これは、ポルトガル語に由来していて、「pinta」という言葉から派生したものです。もともと「ピン」は「点」や「1」を意味する言葉で、日本では「ピン芸人」や「ピンからキリまで」といった表現として定着したようです。

一方、機械部品の「ピン」は、プロトジャーマン語の「penn」から来ており、突き出た先端や針を指す言葉でした。この意味がさまざまな国に広まり、金属製の小さな「釘」や「栓」、また「点」を指す言葉として使われ始めたのが語源です。これが後に、固定するための小さな部品全般を指すようになり、現代の機械設計でも欠かせない「ピン」となりました。

面白いのは、どちらの言葉も元を辿ると「点」を指す言葉であるということです。違う場所で生まれた言葉ですが、同じような呼び方で同じような意味になるなんて、面白いですよね。他にも、日常でよく使う「ピン」を含む言葉が結構ありますよね。「ニアピン」「ピンポイント」「ピンホール」などです。それらの言葉の「ピン」は一体どちらの意味の「ピン」なのでしょうか。どちらでもあり得るのが、また面白いところです。ぜひご自身で調べてみてください。もしかすると、「ピン芸人」も本当は１人の芸人ではなく、「ピン」の芸人なのかもしれませんね！

第4章

教えて！リベット締結の設計

リベットは締結界のエンゲージリング？

出会いがあれば別れがあるように、締結があればその裏には取り外しがあります。ほとんどの締結は、取り外せることが前提で成り立っています。一方で、永遠の愛を誓うかの如く、半永久的に取り外さないことを前提とする締結もあります。それがリベット締結です。リベットは永遠の締結を誓う締結界のエンゲージリングとも言えるでしょう（**図4.1.1**）。という冗談はさておき、本章で取り外さない締結であるリベットに関して解説をしていきます。

まずリベットとはどんなものか、代表的な形を**図4.1.2**に示します。リベットはキノコのような形の部品で、穴を開けた部品に差し込み、反対側の端部を専用の工具を用いて塑性変形させることで部品同士を締結させます。塑性変形とは、部材に強い力をかけたときに起こる、元に戻らない変形のことです。つまり、一度リベットで締結を行うと、リベットを破壊しない限り、部品を取り外すことができません。

それだけ聞くと何やらとても不便に思えますよね。ただこの特徴は裏を返せば、リベットが壊れない限りは、部品が外れることはないということです。ボルトでいうゆるみの心配がないということです。その特徴から、絶対にゆるむことが許されないような建造物の鋼材同士の締結などによく用いられていました。代表的な例で言えば東京タワーなどが有名ですね。東京タワーは約26万本のリベットによって、鋼材が締結されています。東京タワーの建設時、職人同士が熱されたリベットを高所で投げ合って渡すさまは「死のキャッチボール」として有名になりました。建築構造物以外にも、船や飛行機の部品の締結にもリベットがよく用いられていました。ただ、現在ではあまり使われていません。

現在はゆるまないボルトやナットが出てきたこともあり、リベット自体の使用頻度は減ってきています。かくいう私も、自分の設計業務の中でリベット締結を用いたことは数えるほどしかありません。それでもリベット締結は、板金同士の締結などにはメリットが多く、まだまだ現役で使用される締結技術ですので、その特徴や種類、使い方などを正しく理解しておくことはとても大切です。あなたもリベットを使って、永遠の締結を誓いましょう。

図4.1.1　リベットは締結界のエンゲージリング？

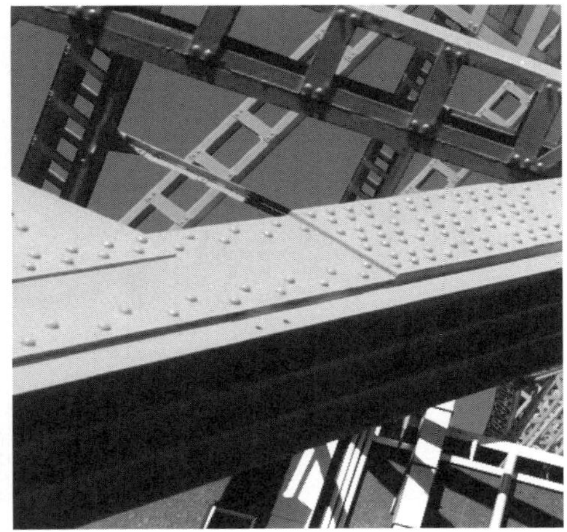

図4.1.2　東京タワーに使用されているリベット締結

- リベットは取り外さない。さながらエンゲージリング！
- リベットはゆるむ心配をしなくてよい！
- 最近は使用頻度が減っているが、依然重要な締結技術！

4.2 リベットのデメリット

まずはリベットのデメリットからお伝えします。通常、メリットから伝えるのがセオリーですが、前項でもお話したように、リベットは今ではあまり使われなくなった締結技術です。なぜリベットが減ってしまったのか、デメリットと合わせて学んでいきましょう。

締結力の弱さ

リベットによる締結は、ボルトとは違って軸方向に部品を押さえる軸力があまり強くありません。主に軸が物理的に外れなくなることで部品を押さえている締結方法です。そのため、締結後には軸の隙間分のガタが発生したり、部品が回転したりすることがあります。

作業の手間

リベットは塑性変形によって部品を締結するため、締結作業時にリベット自体を塑性変形させる手間がかかります（**図4.2.1**）。専用の治具を使ったり、ハンマーで叩いて変形させたりするのですが、変形しやすいようにリベットを加熱しなければならず、作業も危険で労力も大きいです。

見た目の悪さ

リベットで締結をすると、必然的にリベットの頭が出っ張る形になります。これが機械の見た目を悪くする原因にもなります（**図4.2.2**）。今となってはリベットの武骨な感じがカッコいいという一部の熱狂的なファンもいますが、リベットが多用されていた20世紀初頭は、あまり好まれるものではありませんでした。また、リベットが出っ張ることで、構造体の重量も重くなってしまう問題もありました。

リベットの代わりとして注目された技術が溶接です。溶接は、リベットに比べて迅速に締結できるほか、見た目もきれいで、さらに強力に締結でき、軽量です。溶接はリベット締結の完全な上位互換として、20世紀初頭には締結の革命として爆発的に普及しました。そして徐々にリベットに取って代わっていったのです。近年では接着剤の技術も進歩し、取り外しを考えないのであれば接着剤でも十分に部品同士を接着できます。さらに、ボルトやナットにもゆるみ止めの機能が付いたものが増え、リベットはますます隅に追いやられていきました。

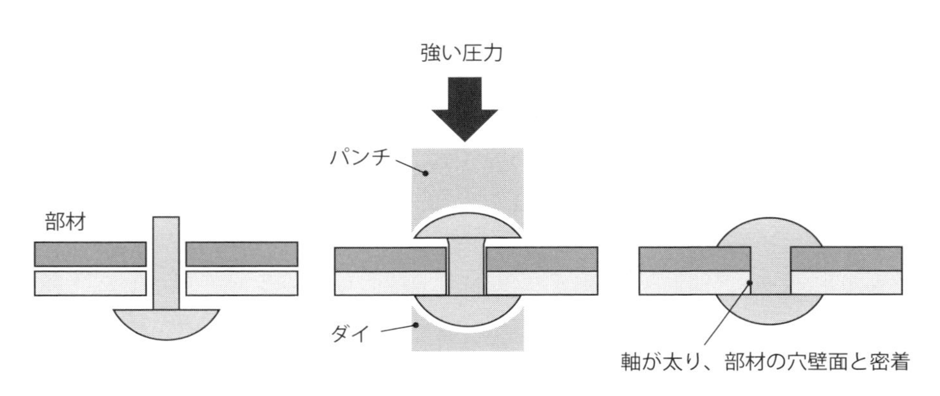

図 4.2.1　リベットの作業性
（アイアール技術者教育研究所 HP を元に作成）

図 4.2.2　見た目の悪さ

- リベットの締結力はあまり強くない！
- 締結作業において、リベットを塑性変形させるのが手間！
- 頭が出っ張った見た目はあまり美しくない！

4.3 リベットのメリット

ここからはリベットのメリットを紹介していきます。ものづくりの業界全体としてはリベットの出番は少なくなってしまいましたが、現在でもそのメリットを発揮する場面があります。それが板金同士の締結です（**図4.3.1**）。板金とは、金属の板材のことで、機械のカバーや筐体などに用いられます。この板材の締結で、リベットは非常に活躍します。板金のリベット締結のメリットは主に3つあります。

作業が簡単

板金のリベット締結は非常に簡単で、専用工具さえあれば誰でも作業が可能です。通常のリベットでは、熱した鉄などをハンマーで叩いて塑性変形させますが、板金のリベット締結ではブラインドリベットという種類のリベットをハンドリベッターという工具を用いて変形させます。詳しい締結原理は後述（4.5項）しますが、ハンドリベッターを握るだけで誰でも簡単に締結できます。

下準備が楽

部品側にリベットが通る穴さえ開いていれば、締結が可能です。ねじを切ったり、ナットを溶接したりすることなく、穴だけあればこと足ります。たとえ部品に穴が開いていなくても、ドリルさえあれば締結したい部品同士に穴を開けて、すぐにリベットで締結できます。

ゆるまないのに取り外しが簡単

「永遠の締結を誓う」と紹介したリベットですが、板金のリベット締結は実は取り外しが簡単です。専用のリベット外しを使ってリベットの頭を壊してしまえば、簡単に取り外すことができます。しかも、ボルトのようなゆるみは発生しないため、「ゆるまないけど簡単に取り外せる」という夢のような締結方法です。

板金のリベット締結は、その手軽さからDIY（Do It Yourself）でもよく用いられます。ちなみに私も、マイハンドリベッターと各穴径に対応したブラインドリベットを家に常備しています（**図4.3.2**）。今では一式がネットショップで安く手に入るので、興味があるかたはぜひハンドリベッターを購入して、リベット締結を自分で試してみてください。

リベット

板金で使用しているリベット

図4.3.1　板金とリベット

図4.3.2　マイ ハンドリベッター

● リベットの締結は作業がとても簡単！
● 部品に穴を開けるだけで締結の準備が整う！
● ゆるまないが、簡単に取り外しできるのが特徴！

4.4 リベットの種類

リベットを変形させて締結する作業のことを「カシメ」と呼びます。カタカナで表記されることが多いですが、漢字では「加締め」と書き、読んで字のごとく、力を加えて締めるという意味です。リベットは、どのように力を加えるか、変形させるかによっていくつかの種類に分かれます（**図4.4.1**）。

中実リベット

通常、リベットと言えばこの部品を指します。もっともスタンダードなタイプです。構造自体もシンプルで、キノコ型の金属の塊です。森で生えていても違和感がないかもしれませんね。カシメの方法もシンプルで、穴を通した後、反対側をハンマーで叩いて潰すことでカシメます。専用のプレスで潰す方法もあります。とても原始的な締結方法です。作業台やプレス機がないとカシメ作業ができないため、大型の機械などの締結には用いられません。一方で、カバンや衣服、革製品など身近なものによく用いられる締結方法です。

中空リベット

リベットの端に穴が開いているリベットです。穴があることで、カシメ作業が簡単に行えます。基本的には中空部分が外に開くように変形して締結されます。この作業には、打ち込み用の手打ち工具や専用のプレス機が用いられます。中実リベットに比べ、少ない力で締結できるのが特徴です。日用品から板金の締結まで幅広く用いられています。ただし、中実リベットに比べて軸方向の強度が弱く、部材を引き剥がす方向に強い力がかかる部分にはあまり向きません。

ブラインドリベット

フェンシングの剣のような不思議な形をしています。板金部品の締結の定番で、現在もっとも使われているリベット締結と言ってよいでしょう。ブラインドとは「見えない」という意味の言葉で、締結する裏面が見えなくてもカシメできるのが最大の特徴です。上述した2種類のリベットは、リベットの挿入側とカシメ側がそれぞれ反対でした。ブラインドリベットは、リベットの挿入とカシメを同じ面から行えます。片面が塞がれていても（見えなくても）締結できるため、ブラインドリベットと呼ばれます。非常に作業性のよい締結です。

中実リベット
（藤本産業）

中空リベット
（藤本産業）

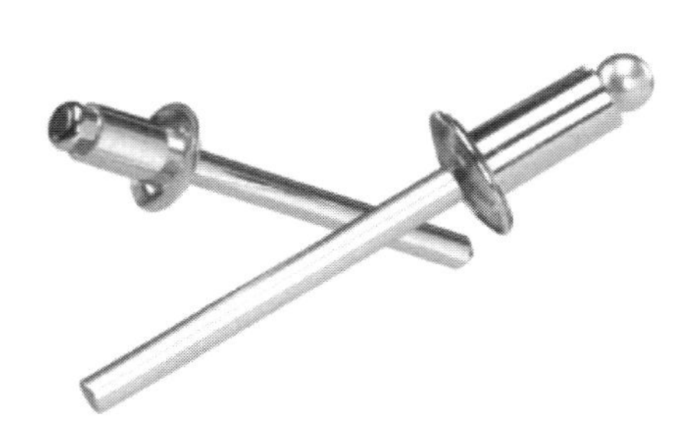

ブラインドリベット
（藤本産業）

図4.4.1　さまざまなリベット

- 中実リベットは定番のタイプ。日用品にも使用されている！
- 中空リベットは端に穴が開いていて、カシメ作業が容易！
- ブラインドリベットは挿入とカシメを同じ面から行う！

4.5 ブラインドリベットの原理

もっとも使われるリベット締結であるブラインドリベットについて、深掘りして見ていきましょう。4.4項で紹介したように、ブラインドリベットは締結の全作業が片側だけで完結します。どのような締結原理になっているのかを見ていきましょう。

ブラインドリベットの構造

ブラインドリベットは、フランジとマンドレルという2つの部品から構成されています（**図4.5.1**）。剣の柄のような部分がフランジで、刃のような部分がマンドレルです。リベットとしての本体はフランジで、マンドレルはカシメ用の部品です。

どのようにカシメるの？

ブラインドリベットは、まず穴を開けてそこにフランジ部分を差し込みます。その後、専用のリベッターと呼ばれる工具を使い、マンドレルのみを引っ張ります。マンドレルが引っ張られることで、フランジの端部が潰れて部品を挟み込むようにカシメます。また、マンドレルにはくびれがついており、一定の力以上で引っ張るとちぎれます。カシメた後にさらにマンドレルを引っ張ることで不要な部分が引きちぎれ、フランジ部分のみが残り、締結が完了します（**図4.5.2**）。

リベッターはどんな工具？

リベッターは、リベットを打ち込むための工具です。フランジを抑えたまま、マンドレルのみを引っ張れるような構造になっています。ハンドリベッターという手で握って締結を行うタイプが主流ですが、リベットの数が多い場合は電動式やエア式のリベッターが用いられることもあります。リベッター自体も非常に安価で、工業用だけでなく、個人のDIYにも多く用いられています。

どうやって取り外すの？

リベットは破壊することでしか、部品を取り外すことができません。ブラインドリベットでもそれは同じで、頭の部分をドリルやグラインダーで削り落としたり、タガネで叩き落としたりしてリベット自体を破壊します。ほとんどの場合、ドリルでフランジの頭を削ってから、ポンチなどで叩き落とせば外れます。ただし、部品を傷つけてしまう場合があるので、作業は慎重に行う必要があります。

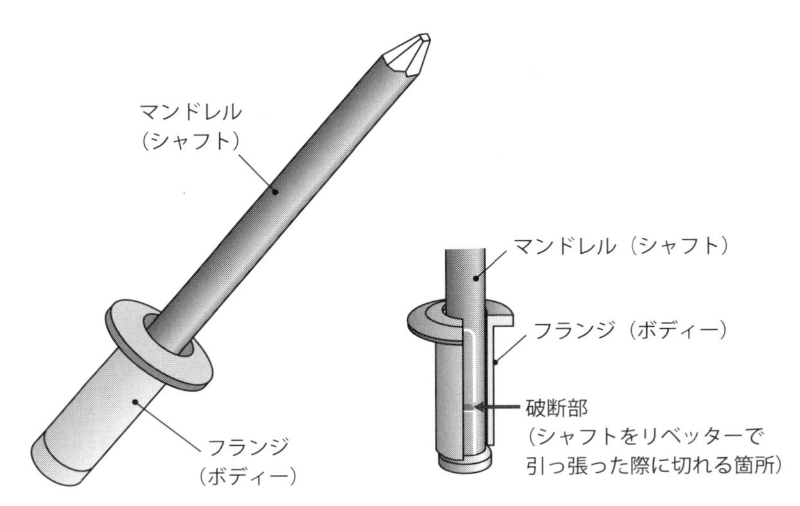

図4.5.1　ブラインドリベットの構造

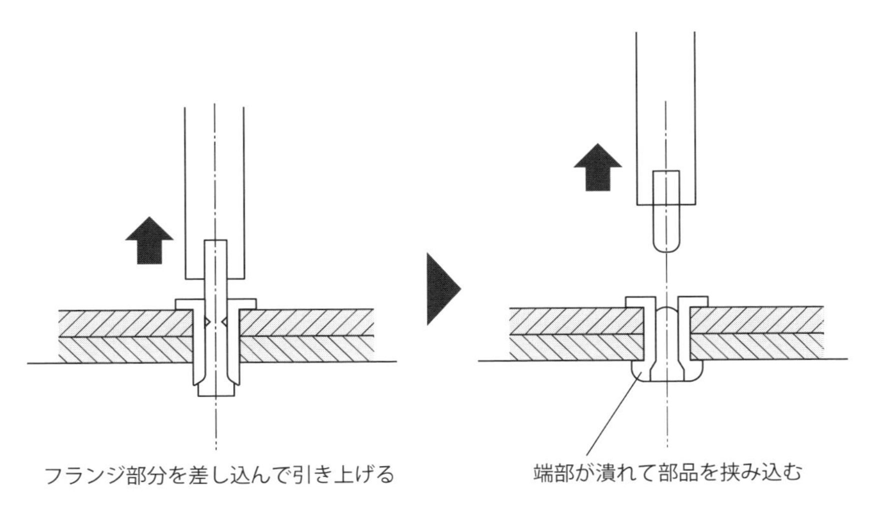

図4.5.2　ブラインドリベットの締結

- ブラインドリベットはフランジとマンドレルからなる！
- フランジを差し込み、リベッターでマンドレルを引っ張る！
- 取り外すときはリベット自体を破壊する！

4.6 ブラインドリベットの利点

ブラインドリベットには、他の締結方法にはない面白い特徴があります。

片側だけで締結ができる

4.5項でも少し触れましたが、ブラインドリベットは締結の作業をすべて同じ側面から行うことが可能です。カシメのために部品を裏返す必要がありません。この特徴により、ブラインドリベットは大物の板金であったり、垂直に立った板金の固定によく用いられます（**図4.6.1**）。表側と裏側で作業する必要がある締結方法は、このような板金の固定には不向きです。作業のたびにいちいち裏側に回るのは現実的ではありませんし、そもそも裏と表で作業者が2人必要になります。それはボルト・ナットによる締結でも同じです。しかし、ブラインドリベットでは片側から作業ができるので、1人の作業者でも効率的に締結ができます。

追加工の締結が容易

「締結箇所を後から追加したい」や「部品を合わせてから締結箇所を決めたい」といった場合にも、ブラインドリベットが有利です。ブラインドリベットは、ドリルで穴さえ開ければ簡単に締結できます。特に、現物で合わせて現場で締結箇所を決めるのは、ボルト締結ではなかなかできません。後からボルト締結を追加しようとする場合、部品を合わせた後に穴を開ける箇所をしっかり決めて、一度分解し、それぞれに穴とタップを加工し、もう一度組み直さなければなりません。しかし、ブラインドリベットであれば、締結したい箇所にそのまま穴を開けて、リベッターでカシメれば完了です（**図4.6.2**）。圧倒的に作業性がよいです。

低コスト

穴を開けるだけで締結でき、ブラインドリベット自体も安価なので、非常に低コストな締結方法です。さらに、ブラインドリベットは設計が単純なため、初心者にも理解しやすいというメリットがあります。ボルトやナットといった他の締結方法と比較して、必要な工具がリベッターのみで済むため、特別な訓練や高度な技術を必要とせず、誰でも簡単に扱えます。この手軽さがDIYや小規模な修理作業にもぴったりで、ホビーレベルのプロジェクトからプロフェッショナルな現場まで幅広く活用されています。

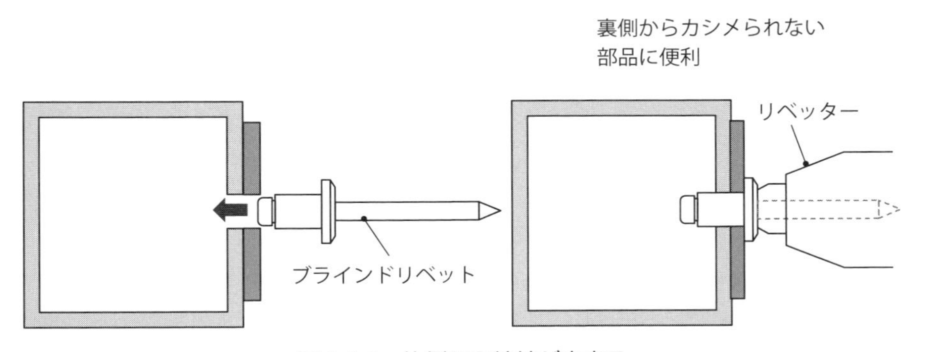

図4.6.1　片側から締結が出来る

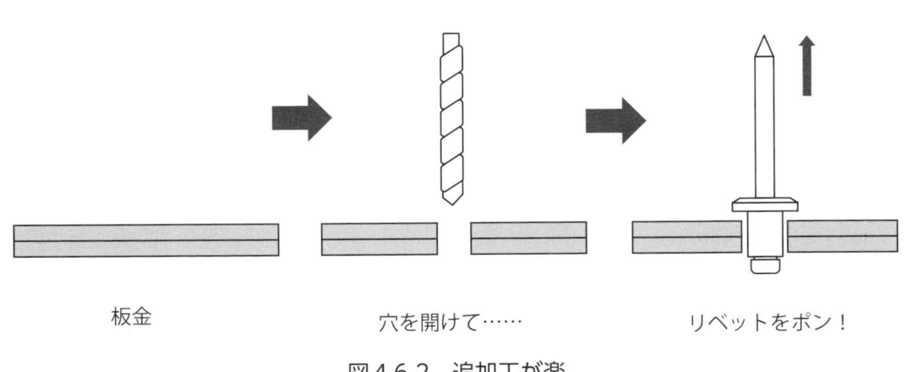

図4.6.2　追加工が楽

- ブラインドリベットのカシメは部品を裏返さなくてよい！
- 追加工がある場合は、ブラインドリベットが有利！
- 部品が安価で加工もシンプルなので、手軽で低コスト！

4.7 リベット締結の使いどころ

リベット締結はどのような箇所に使うべきでしょうか。具体的な形状や状況を考えてみましょう。ここでは、もっともよく使われるリベット締結であるブラインドリベットに絞って紹介します。

大前提として、ここまで説明してきたようにブラインドリベットは板金などの板材料同士を締結できます。具体的にどれほどの板厚まで締結できるかはリベットのサイズにもよりますが、汎用品として市場に出回っているものであれば、20〜25 mm程度の板厚までなら締結が可能です。リベットの径や種類ごとに推奨される締結板厚が定められているので、確認しておくとよいでしょう。リベット締結が特に活躍するのは、下記のようなシーンです。

角パイプへの固定

図4.7.1のように、製缶の角パイプに部品を固定する場合、リベットは非常に有効です。板厚によっては、タップを立てることができなかったり、締め込む際に角パイプ側が耐え切れずネジ山が切れてしまったりします。その場合はリベット締結が便利です。また、深いコの字型の板金部品なども、同じ理由でリベット締結が有効です。ただし、角パイプに締結する際は一つ注意点があります。万が一リベットを外したい場合、残った部品が角パイプの内側に落ちてしまうことがあります。角パイプの端が開放されているなら問題はありませんが、密閉されている場合はちぎれたリベット片がパイプ内に残り続けます。この状態はあまり好ましくないので、分解する際のリベット除去も頭に入れておきましょう。

大物の板金部品の固定

人の背丈以上あるような大物の板金部品で、かつ一度取り付けたら外すことがないような箇所にリベット締結は有効です（**図4.7.2**）。大物板金はどうしても締結箇所が多くなりますが、リベットならば一点当たりの締結作業の負荷が低いため、効率的に締結を行えます。また、作業自体も簡単なので、締め忘れなどの作業ミスも見た目で分かりやすく、ミスが起きにくいのもメリットの一つです。ただし、リベットが表面に出っ張ってしまうため、意匠性はあまりよくありません。

限られたシーンですが、他の締結方法ではできないような締結が可能です。

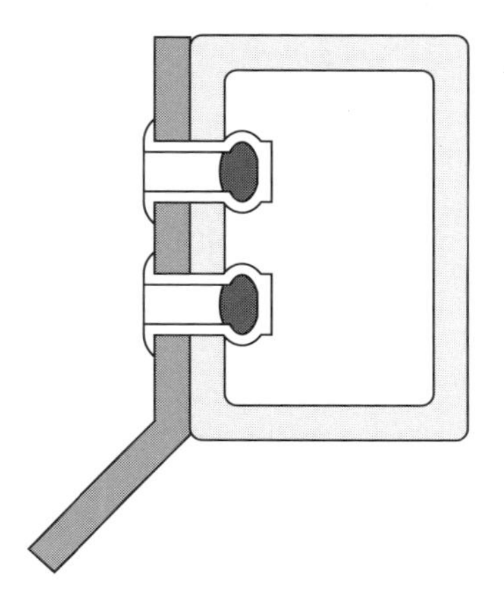

●角パイプの固定に有利
➡締結可能な板厚はリベット
サイズによって異なる

図 4.7.1　角パイプへの締結

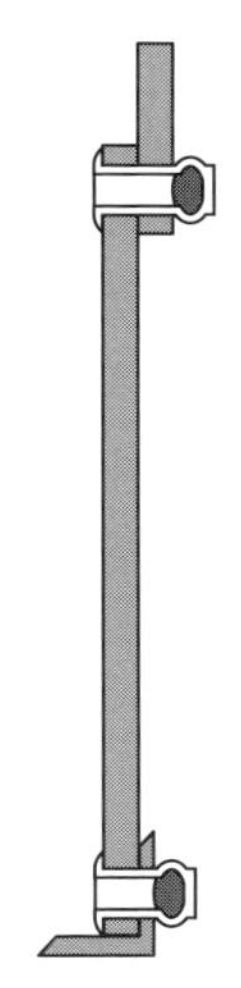

●手が届かない場所
●一度取り付けたら
外さない場所
➡作業負荷の低いリベット締結に
メリットがある

図 4.7.2　大物板金の締結

● ブラインドリベットで締結できる板厚の目安は20〜25 mm！
● 角パイプへの固定に便利。ただし部品が内側に落ちることに注意！
● 大物の板金部品で取り外しをしないものに向いている！

4.8 ブラインドリベットの種類と設計

ブラインドリベットと一口に言っても、その中にはさまざまな種類がありま す。ブラインドリベットの細かい種類とその用途を知っておきましょう。フラン ジの形状と材質で主に区分けされます。

フランジの形状

フランジの形状には、標準的な丸頭、皿頭、丸頭よりも大きいラージフラン ジ、フランジの端が袋形状になっているシールドタイプなどがあります（**図4.8.1**）。皿頭型は、板金側に皿揉みをすることで、材料からフランジ面が飛び出 さず、きれいに仕上げることが可能です。ラージフランジは、材料が柔らかく、食い込んでしまう可能性があるときに、接触面を多く確保するために用います。シールドタイプは、ちぎれたマンドレルの端が振動などで脱落してしまうことが あります。脱落しても締結には影響はありませんが、脱落を避けたい場合や気密 性を保ちたい場合、シールドタイプが便利です。他にもさまざまな種類がありま すが、まずはこの4種類を覚えておけばよいでしょう。

材質

ブラインドリベットには、スチール、ステンレス、アルミニウム、銅などの材 質があります。マンドレルとボディに異なる材料が使用されることもあります （**図4.8.2**）。基本的には、リベットの強度や部品の使用環境などを見て材質を決 めますが、締結する部品とリベットの材質によっては相性が悪く、思わぬ腐食を 招くことがあります。後述（6.8項）しますが、電食が起こらないような組み合 わせでリベットの材質を選ぶことも重要です。単に部品の材質だけでなく、部品 に施された表面処理や塗装も腐食に影響するため、相性を見てリベットの材質を 選定する必要があります。

今回は説明を割愛しますが、メーカーによってはマンドレルの端の形状を工夫 した特殊なブラインドリベットもあります。たとえば、フランジ端の潰れ方をコ ントロールすることで、リベット自体の強度を増したり、締結力を確保したりす る工夫がされています。メーカーごとに多種多様ですので、ぜひブラインドリ ベットメーカーのカタログなどを調べてみてください。

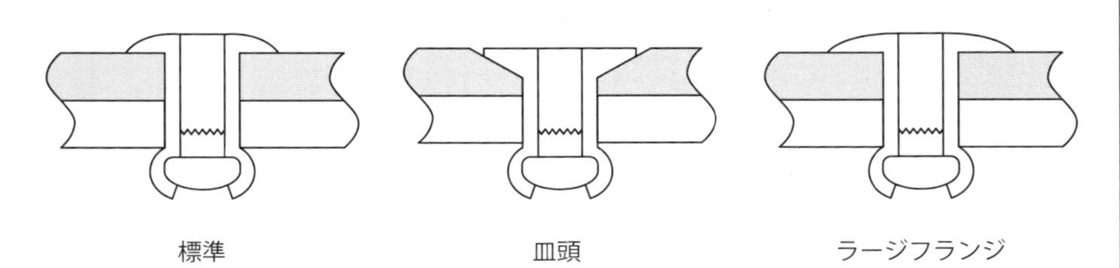

図4.8.1　ブラインドリベットのフランジの形状
（福井鋲螺HPを元に作成）

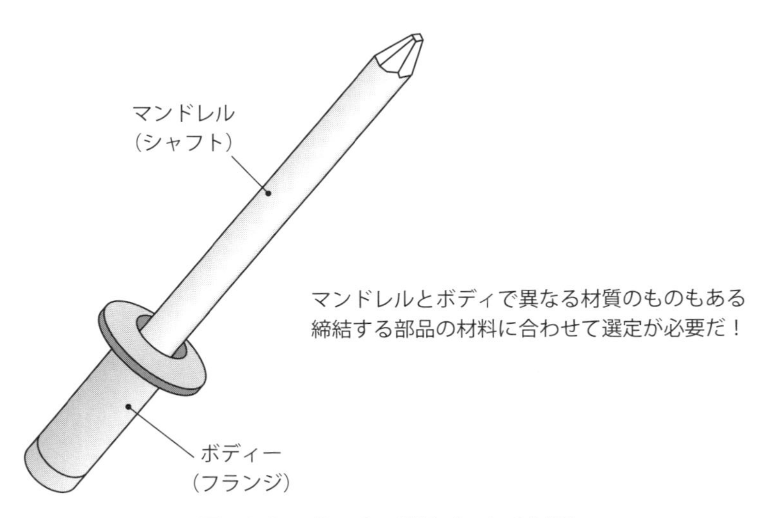

図4.8.2　ブラインドリベットの材質

- フランジの形状は、丸頭、皿頭、ラージフランジなどがある！
- スチール、ステンレス、アルミ、銅などの材質でできている！
- マンドレルの端形状の工夫によって強度や締結力を高める！

4.9 ブラインドリベットの強度

リベットにも強度があるため、受ける力を計算し、力に応じた選定が必要です。過大な力を受けると、リベット自体が破損する可能性があります。特にブラインドリベットは、他の締結方法と比べてそれほど大きな負荷を受けられないので、注意が必要です。リベットにおいて検討すべき強度は、主に2つです（**図4.9.1**）。

せん断荷重

これはピン（3.16項）と全く同じ考え方です。リベット部にはせん断力がかかります。加わる力によって発生するせん断応力が、許容せん断応力以内に収まっている必要があります。ただし、ブラインドリベットの場合、中が中空で断面積が少ないため、必然的にせん断応力は大きくなります。しかし、せん断応力を計算しなくても、各リベットメーカーの多くがカタログ値として参考のせん断強度を記載しています。その強度を基準として、必要な安全率（3.16項）を取った値で選定するとよいでしょう（**図4.9.2**）。

引張荷重

リベットを引き剥がす方向に加わる荷重です。これも各リベットメーカーがカタログ値として記載しています。せん断荷重と同じように、カタログ記載の強度を基準として、必要な安全率を取った値で選定しましょう。

ブラインドリベットの強度を考える場合は、この2つの指標で考えればよいでしょう。他のリベットであっても、基本的な考え方は同じです。もしリベットの負荷能力が足りない場合、対策としては、リベットのサイズを上げる、数を増やすといった2つの方法が考えられます。ピンの場合、位置決めを行うという役割があるため、数を増やすのは得策ではありません。一方で、リベットであればサイズを変更するよりもリベットの数を増やした方がコストメリットが大きい場合があります。締結の強度を上げたい場合は、リベット間のピッチを短くしてリベットの数を増やすとよいでしょう。ただし、引張強度に関しては、同径のボルトなどと比べると半分以下のため、大きな荷重を受ける部分に関しては、締結方法そのものを見直したほうがよい場合もあります。リベットの特性を理解して使用しましょう。

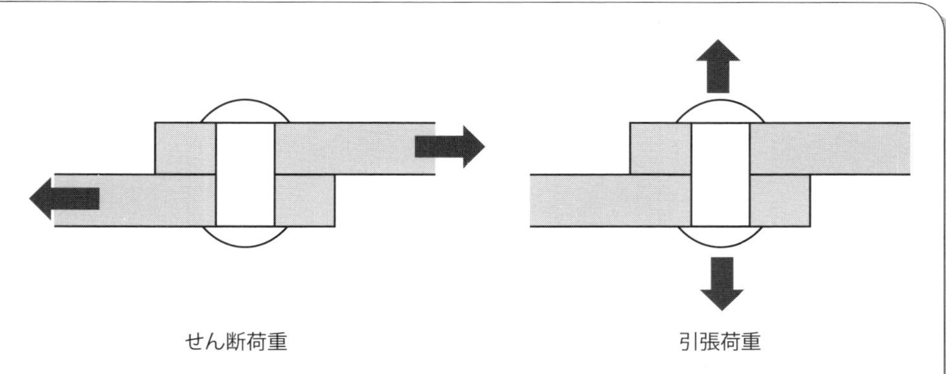

図4.9.1　リベットの受ける荷重

スリーブ径 W（mm）	下穴寸法（mm）	推奨締結板厚G（mm）	l（mm）	L（mm）	強度（kN）	
					引張	せん断
2.4	2.5	0.5～3.2	5.7	7.5	0.61	0.44
		3.2～4.8	7.3	9.1		
		6.4～8.0	11.0	12.8		
3.2	3.3	0.5～1.6	4.9	7.0	1.34	0.90
		1.6～3.2	6.5	8.6		
		3.2～4.8	8.1	10.2		
		4.8～6.4	9.7	11.8		
		6.4～8.0	11.3	13.4		
		8.0～9.6	12.9	15.0		
		9.6～11.2	15.4	17.5		
		11.2～12.8	17.1	19.2		
4.0	4.1	1.0～3.2	7.3	9.9	2.17	1.53
		3.2～4.8	8.9	11.5		
		4.8～6.4	10.5	13.1		
		6.4～8.0	12.1	14.7		
		8.0～9.6	13.7	16.3		
		9.6～11.2	15.3	17.9		
		11.2～12.8	16.9	19.5		

リベットの種類によって
強度は異なる
リベットメーカーの
カタログを
チェックしよう

図4.9.2　リベットのカタログ表（イメージ）

- リベット部にかかるせん断応力が許容値に収まるか検討！
- リベットを引き剥がす方向にかかる引張荷重も検討！
- 不足時はリベットのサイズを上げるか数を増やすかで対応！

4.10 リベットを選んでみよう

では、実際にリベット締結部を設計する場合を考えてみましょう。**図4.10.1**の場合を考えます。これは装置の下部に取り付ける板金製のオイルパンです。製缶部品に板金を取り付けるため、締結方法を検討しています（**図4.10.2**）。

締結を選ぼう

製缶部品への板金固定には、ボルトかリベットが定番です。今回の場合、製缶の角パイプの板厚は1.6 mmのため、タップを加工するには厳しい寸法です。したがって、リベット締結がよいでしょう。さらに、角パイプのように片側へのアクセスが難しい締結部分には、ブラインドリベットが最適です。したがって、ブラインドリベットで板金を締結することにします。

リベットのサイズを選ぼう

リベットにはサイズごとに推奨締結板厚があります。今回の場合、オイルパン板金の板厚が2.3 mmで、角パイプが1.6 mmです。したがって、締結板厚は3.9 mmとなります。オイルパンに付加される最大重量が50 kgで、特に大きな変動のない静荷重なので、安全率3を取ることにします。この条件でカタログからリベットを選定すると、ϕ3.2のBであれば2か所止めで十分に役割を果たしそうです。したがって、図のように2か所でリベット締結を行うことにします。

リベッターは入るか？

最後に確認しておくべきは、リベッターが入るかどうかです。強度は成り立っていても、物理的に締結ができなければ意味がありません。たとえば、オイルパンの壁同士が狭すぎてリベッターが入らなかったり、図のように深い段差になっていると、リベット締結が難しくなります。自社の現場にあるリベッターのサイズを確認しておくのがよいでしょう。リベッターのサイズがわからない場合は、汎用のハンドリベッターのサイズを確認し、リベット打ちの作業ができるかどうかを確認しておきましょう。ハンドリベッターの場合は、工具が入るだけでなく、リベッターを開いて閉じる動作ができるスペースがあるかも重要です。

リベット締結の検討例は、上記のとおりです。まずはリベットでよいか、次に強度、最後に作業できるかどうかの順で検討してみましょう。

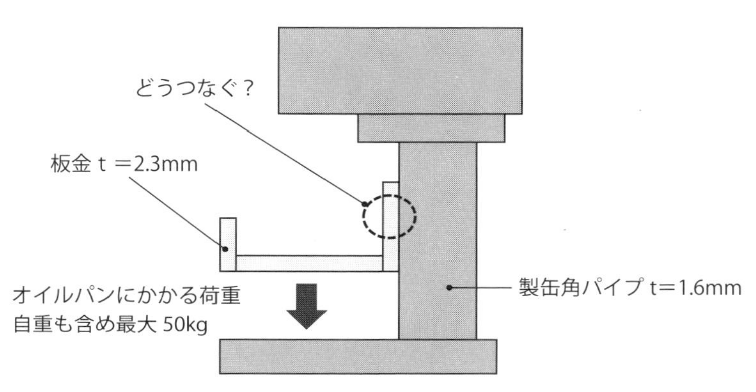

図4.10.1　リベット締結を検討してみよう

スリーブ径 W（mm）	下穴寸法（mm）	強度（kN）	
		引張	せん断
2.4	2.5	0.61	0.44
3.2	3.3	1.34	0.90
4.0	4.1	2.17	1.53

リベットのカタログ表（イメージ）

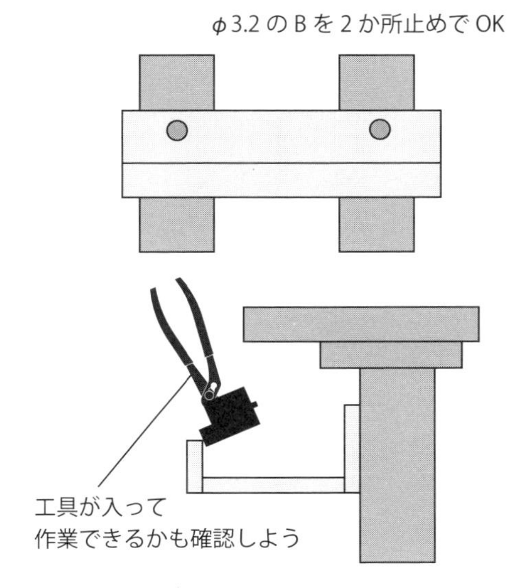

図4.10.2　リベットの選定

- 板厚や加工の可否から締結の種類を選択！
- 板厚、最大重量、安全率を考慮してサイズを選択
- リベッターが入るスペースを忘れずに！

Column 4

リバティー船の沈没

20世紀初頭に、リベット締結から溶接への切り替えブームが巻き起こりました。しかし、その流れのなかで世界的に有名な失敗が発生しました。それがリバティー船の沈没です。リバティー船とは、アメリカが第二次世界大戦中に作った輸送船です。およそ1万トンの荷物を運べる大きな船で、時代の流れに沿ってリベット締結をやめ、溶接で作れるように設計されていた船でした。溶接の作業性のよさから船の量産が進み、4,000隻以上が作られて運用されていました。

しかし、1942年から46年にかけて、リバティー船が次々と不可解な大破を起こしていきます。船の総数の1/4にも上るとんでもない数の船が海上で大破しました。すべてが沈没したわけではありませんが、船体が真ん中から真っ二つに折れて沈んでしまう事例もあり、深刻な状態でした。なぜこの船がこんなことになってしまったのか、その理由は「低温脆性」という金属の物理現象にあります。

金属には硬いイメージがありますが、一定の力を加えるとゴムのように弾性変形します。しかし、それは常温での話で、摂氏0度以下になるとだんだんと脆くなっていきます。この現象を「脆性」とも言い、金属が脆くなることを指します。イメージとしては、ガラスのように強い力がかかるとパキッと割れる性質を持ち始めます。

リバティー船は、船の作り方をリベット締結から溶接に変えたことで、船の材料自体が全体的にガッチリとくっついていて、何か力が加わった時に力を逃がす先がない設計になっていました。このような状態で寒冷期の冷たい海を運行すると、船自体がガラスのようになり、少しの外力でパキッと割れて壊れてしまうのです。この現象によって、次々と沈没してしまったのでした。溶接への切り替えはすんなり進んだわけではなく、裏にはこうした失敗や苦労があったのです。

教えて！
軸の締結

5.1 力のバトン!! 軸の締結

世の中にはさまざまな機械があり、実に多様な動きをします。自動車は道路を走り、飛行機は空を飛び、船は海を渡る……、工場では産業機械が金属を削ったり、曲げたりしながらモノを作っています。一見すると共通点がないように思える機械たちですが、実はすべての機械に共通していることが一つあります。それは、力の源が「回転」であることです。機械の複雑な動きも、元をたどれば、機械に備わったモーターやエンジンから生み出される回転の力を上手に伝えて変換することで実現しています。

少し話が飛びますが、1600年代、産業革命前の工場の姿をご存知でしょうか？電気もエンジンもない時代の工場です。機械を動かすのに必要な力は、人が自転車のペダルをこぐように、足や手でハンドルを回して賄っていました。しばらくすると、水車が利用されるようになります。工場の外に大きな水車を設け、外を流れる川の力を利用して回転力を取り出すのです。その力は工場の天井に設置された軸に伝わり、さらにその軸からベルトを通して各機械に回転力が伝わり、機械はその力で動いて仕事をしていました。その後、蒸気機関の発明により、水車は蒸気機関に置き換わり、さらに安定してかつ大きな力を取り扱えるようになりました。このように、機械の歴史は「回転の力」の活用の歴史でもあります（**図5.1.1**）。

その後、電気から回転力を生み出すモーターが発明され、非常にコンパクトな筐体から大きな回転力を得られるようになりました。現在では、工場の天井から回転力を得るのではなく、各機械がそれぞれ個別に動力を持ち、工場全体から電力を供給されています。こうして見ると、昔と今では技術は進歩しましたが、大まかな形自体はあまり変わっていないことがわかります。

少し話がそれましたが、このページで言いたかったのは、機械にとって回転こそがパワーだということです。そして、そのパワーを活かすためには、回転を伝える必要があります。まるでリレーのように次の走者に回転を受け渡し、アンカーまでバトンをつなぐように。では、そのバトンたる技術が一体何かといえば、それが本章のテーマである「軸の締結」なのです（**図5.1.2**）。

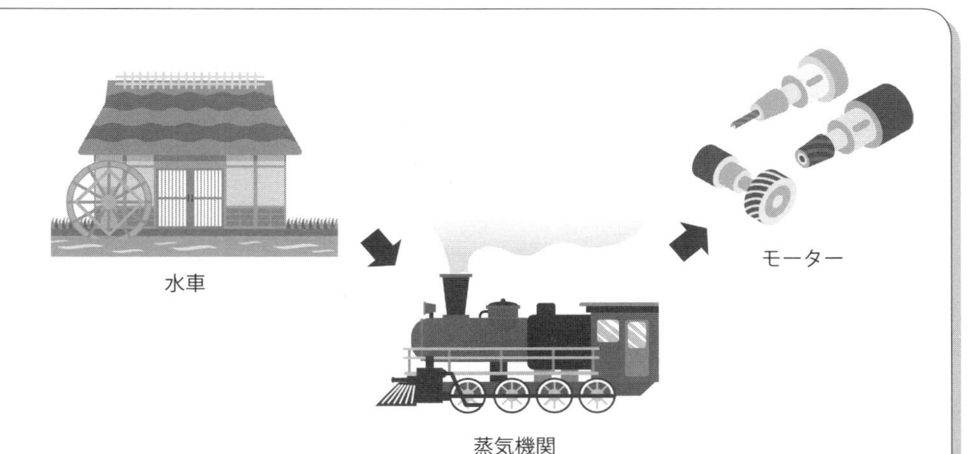

動力は変わっても、回転を伝えるという技術は変わらない

図5.1.1　動力の変化

図5.1.2　カップリングは力と力を繋ぐバトン

- 機械の力は「回転」が生み出している！
- 手動、蒸気機関、モーターと変遷してきた！
- 回転によって力を伝えるために「軸の締結」が欠かせない！

5.2 軸の締結の役割

軸締結の役割は、その名のとおり、軸と軸を繋ぎ、力を伝えることです。丸い棒が2本あった場合、それらを何らかの方法で連結することが軸の締結です。それだけ聞くと非常に簡単そうに思える技術ですが、実に奥深い世界でもあります。

軸の締結では、力を逃がさずに伝える必要があります。用途によっては非常に強いトルクがかかったり、高速回転したりしますが、そのような環境下でも力を伝え続ける必要があります。軸の締結に求められる要素は主に3つあります。

締結トルク

まず重要なのは締結トルクです。どれだけ大きな力を伝えることができるかが、軸の締結にとって重要です（**図5.2.1**）。許容トルクを超えると滑りが発生する可能性があります。これは軸の間で滑ってしまい、正しく力が伝わらない状態です。力が伝わらないだけでなく、機械の位置などもずれてしまうため、滑りが発生しないように締結要素を設計する必要があります。

剛性

締結部自体の剛性も重要です（**図5.2.2**）。剛性とは、力に対して変形しにくい性質を表す言葉です。たとえば、滑りが発生しなかったとしても、力を加えたときに締結部自体がねじれてしまうと、やはり力が正しく伝わりません。想像してみてください。もし軸と軸を繋いでいるものがゴムだったとしたら、片側を回したとき、反対側に力は伝わるでしょうか？ これが剛性の考え方です。

軸のズレの許容

トルクや剛性といった力強さが求められる軸の締結ですが、同時にフレキシブルさも求められます（**図5.2.3**）。軸同士の位置が微妙にずれている場合や角度がついている場合でも、ズレを許容して軸同士を締結しなければなりません。軸の設計側で対処することもありますが、軸の締結側で工夫する場合も多々あります。

軸と軸を繋げるといっても、実は求められることが多いのです。両方の軸の言い分や意見を聞きつつ、うまくまとめて繋げる……軸の締結は、まるで中間管理職のような存在です。

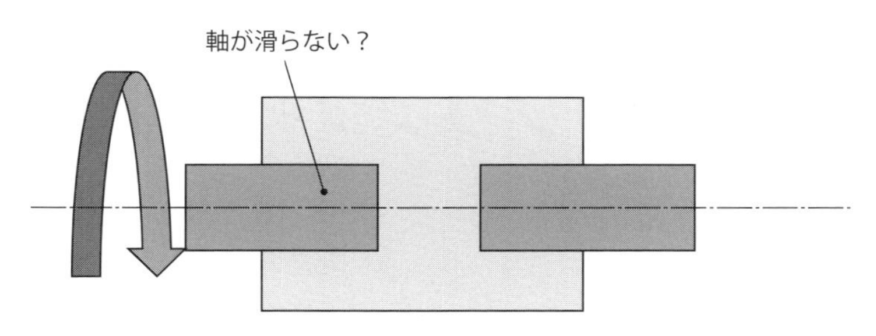

図5.2.1　締結トルク

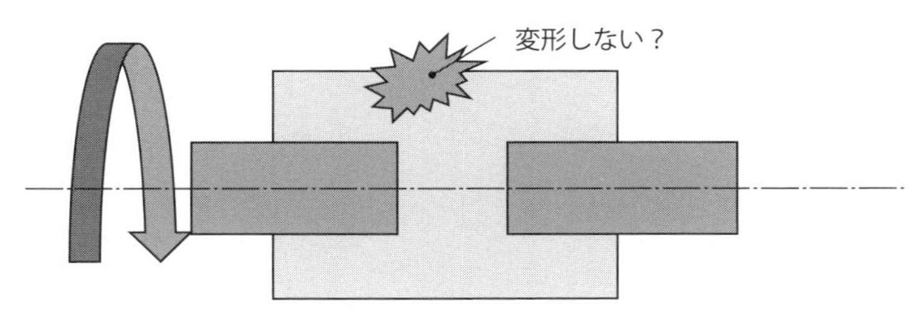

図5.2.2　剛性

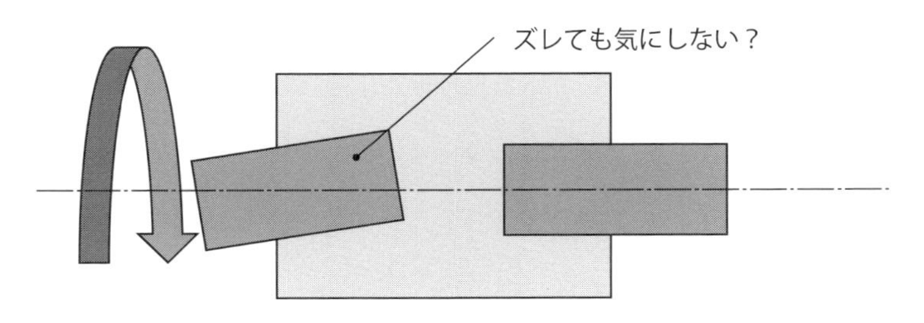

図5.2.3　軸のズレの許容

- どれだけの力を伝えられるかを示す「締結トルク」が重要！
- 締結部が変形しにくいよう「締結部の剛性」も大切！
- 軸の多少のズレを許容する「フレキシブルさ」も必要！

5.3 カップリングの種類

では、軸と軸を繋ぐための機械要素について見ていきましょう。軸の締結には「カップリング」と呼ばれる機械要素が用いられます。カップリングという単語の意味の通り、「2つのものを1つの組として結びつけること」を目的とした部品です。主に、モーターと何かしらの軸を締結する際に使います（**図5.3.1**）。

カップリングは軸と軸の間に挟まり、軸同士を繋ぎ、トルクを伝達します。おおまかな形状は似ていますが、種類によって中間部の形状が異なり、さまざまな特性を発揮します。大きく分けると3つに分類されます。

リジッドタイプ

中空の丸棒そのもののようなシンプルなタイプです。高いねじり剛性があるため、大きなトルクを受けても変形せず、安定してトルクを伝達できます。位置決め精度が必要な産業機械の駆動などによく使われます。ただし、軸同士のズレを許容できないため、締結前に軸同士の芯を調整する必要があります。

ばねタイプ

中央にスリットや板ばね、ゴムが入っていて、少し曲がるようになっているカップリングです。リジッドタイプとは反対に軸のズレを吸収できるため、軸の組み立て調整が楽になったり、軸やモーターにかかる負担を軽減したりできます。どの方向のズレを許容するかによって、さまざまな種類があります。リジッドタイプに比べ剛性は落ちますが、それを活かしてカップリング側が破損するようにし、無理な力が発生したときに機械部品を守るような使い方もできます。

ジョイントタイプ

カップリング部分で、軸の方向を大きく変えたいときに使う機構です。便利ですが、2つの軸の角度が傾くほど伝わる回転速度が不均一になる特徴があるので注意が必要です。一方が一定速度で回っていても、出力側はうねったような速度になります。この欠点を解消した「等速ジョイント」という機械要素もあります。

紹介したもの以外にも多くの種類のカップリングがあり、マグネットで非接触で力を伝達するものもあります。どのカップリングを使うかは、どのように力を伝えたいかによって変わってきます。どんな要件があるか学んでいきましょう。

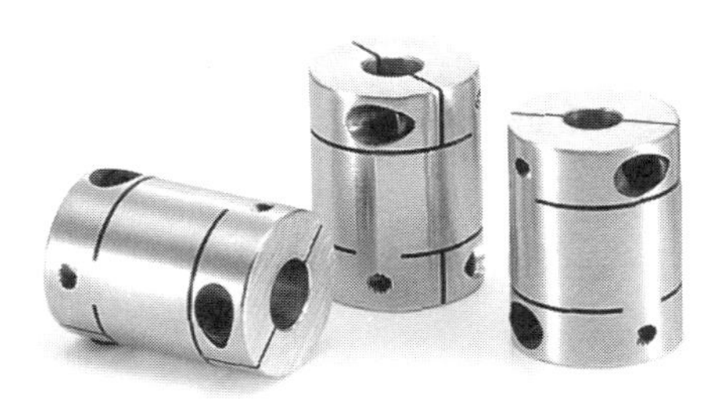

リジットタイプ
（鍋屋バイテック会社）

ばねタイプ
（三木プーリ）

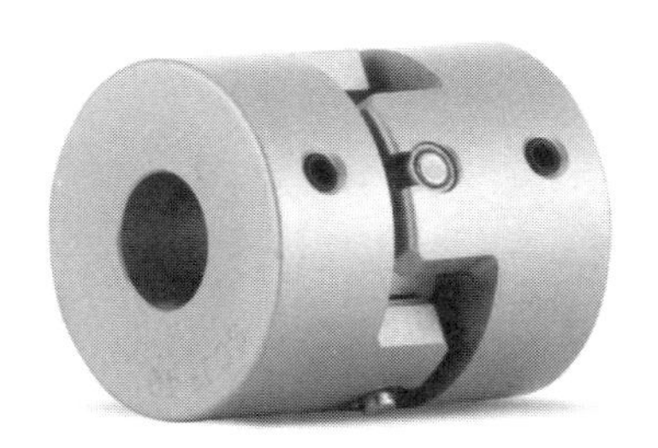

ジョイントタイプ
（ソンイル機工）

図5.3.1　さまざまなカップリングの種類

● 軸の締結に用いられるのは「カップリング」という部品！
● ねじり剛性が高い「リジッドタイプ」、軸のズレを吸収しやすい「ばねタイプ」、軸の方向を変える「ジョイントタイプ」！

5.4 軸と誤差

軸と軸を繋ぐうえで重要になるのが、軸同士のズレです。軸同士がずれている状態のことをミスアライメントと呼びます。回転機械にとっては、振動や騒音、ベアリングの破損など、あらゆる不具合につながる厄介な状態です。

軸同士がぴったり一直線上に並んでいるのが理想ですが、現実ではそう簡単にはいきません。どうしてもミスアライメントが発生してしまいます。ずれた軸を無理やり接続しようとすれば、負荷がかかります。まるで仲の悪い人同士を無理やり2人きりにするようなものですね。しかし、仲を取り持つ調整役が間に入れば、ずれたままでも仲良くなれるかもしれません。カップリングはそのような役割も担っています。ミスアライメントには主に3種類あります（**図5.4.1〜3**）。

角度誤差：軸中心の角度がずれている状態です。偏角とも言います。
平行誤差：軸中心の位置がずれている状態です。偏心とも言います。
軸方向誤差：軸同士の距離がずれている状態です。エンドプレイとも言います。

要素ごとに分解して説明しましたが、実際にはこれら3つが組み合わさった複合的なズレ方をしている場合がほとんどです。エンドプレイに関しては軸の熱膨張によって変化しやすいため、調整時は問題なくても、稼働しているうちにズレが発生することがあります。注意が必要です。

カップリングの種類によって、許容できる誤差には得意・不得意があります。たとえば、スリット型と呼ばれる中央部に切り込みが入ったカップリングは、偏角の許容が得意です。ディスク型と呼ばれる円盤を組み合わせたようなカップリングは、偏心も許容できるものが多いです。すべてのミスアライメントを許容できるタイプもありますが、伝達トルクが低かったり、剛性が低かったり、あるいは値段が高かったりと、何かしらのトレードオフがあります。カップリングの仕様として各メーカーが許容できるミスアライメント量を定義していますので、しっかりと仕様をチェックしましょう。

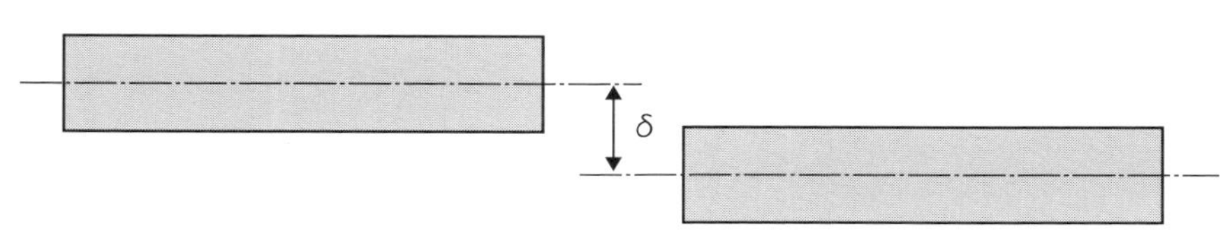

図 5.4.1　平行誤差
（三木プーリ HP を元に作成）

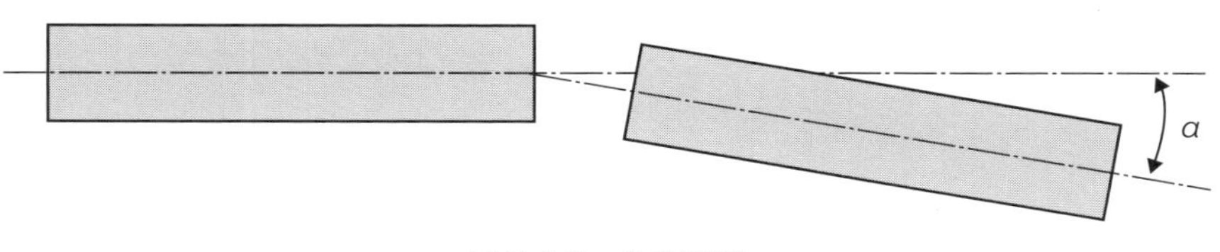

図 5.4.2　角度誤差
（三木プーリ HP を元に作成）

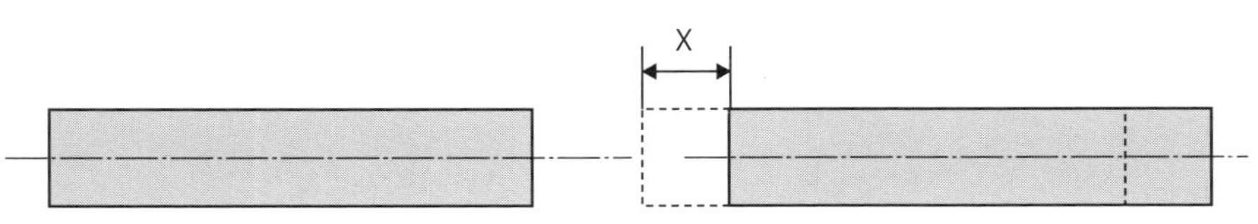

図 5.4.3　軸方向誤差
（三木プーリ HP を元に作成）

- カップリングは軸同士のズレを調整する仲介役！
- 誤差には「角度誤差」「平行誤差」「軸方向誤差」がある！
- カップリングを選ぶときは、どの誤差を許容したいか考える！

5.5 バックラッシ

軸同士を繋ぐカップリングですが、必ずしもガチガチに繋ぐわけではありません。カップリングの種類によっては、回転方向にガタが発生する場合があります。このような回転方向のガタつきをバックラッシと呼びます（**図5.5.1**）。遊びと言うこともあります。バックラッシがあると、急激な減速や正転・逆転の切り替えが頻発した際に、バックラッシ分だけ軸が回転方向にズレが生じてしまい、結果として機械の位置が少しずれたり、振動が発生したりします（**図5.5.2**）。カップリングの中にはバックラッシが生じないゼロバックラッシ（ノンバックラッシ）のものもあるため、バックラッシ量も軸の締結を考える際には注意が必要です。

また、詳しくは後述しますが、カップリングの種類のみならず、軸の繋ぎ方でもバックラッシは発生します。たとえば、代表的な軸の繋ぎ方であるキーを用いた締結では、どうしてもキーの隙間分のガタが発生します。くわえて、バックラッシは軸の締結だけの問題ではなく、歯車などの動力を伝達する要素でも発生します。逆に、歯車などは適切なバックラッシ量を確保しなければ潤滑不良を起こすこともあります。もちろん、バックラッシが必要ない歯車もあるため、機械に求められる仕様に応じて適切に選ぶ必要があります。

ただし、必ずしもバックラッシが悪いわけではありません。一方向に回転力を伝え続けるだけの機械では、バックラッシはほとんど問題になりません。たとえば、油圧ポンプなどがよい例で、モーターによってポンプを一定方向に回し続けることが重要な場合、バックラッシがあってもあまり気にする必要はありません。逆にバックラッシを許容することで、安価なカップリングが選べたり、組み付けの作業性を向上させたりすることもできます。すべてにおいてゼロバックラッシが必要なわけではないので、自分が設計する機械には必要なのか、しっかりと理解しておきましょう。人生もそうであるように、ある程度の遊びが大事なのかもしれません。

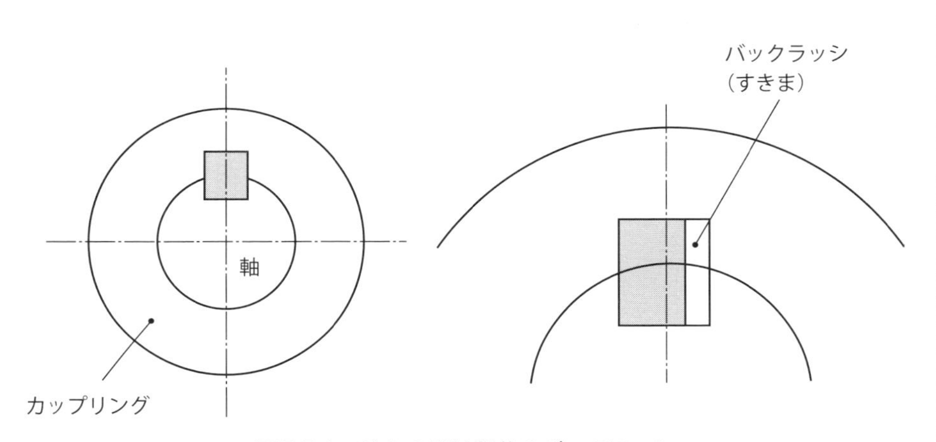

図5.5.1　軸との締結部分のバックラッシ

カップリングのタイプによっては
カップリング自体が
バックラッシを持っているものもある

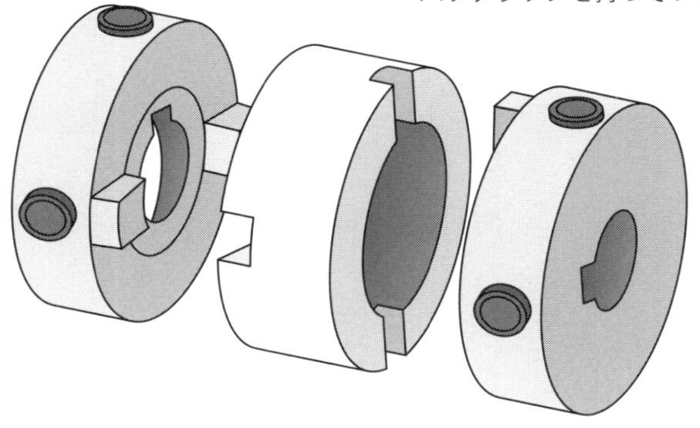

図5.5.2　カップリング自体が持つバックラッシ

- 回転方向に発生するガタつきをバックラッシと呼ぶ！
- カップリング自身がバックラッシを持っていることもある！
- バックラッシを許容できる場合は気にしなくてもよい！

5.6 軸の締結の形状

円筒形状の軸を一体どのように固定するのでしょうか。具体的な軸の締結方法は大きく分けると3つあります。軸の形状を見れば一目瞭然です。それぞれに良し悪しがありますので、ここでポイントを押さえておきましょう。

丸軸

シンプル・イズ・ザ・ベスト。単純な丸軸に対して、軸を握るように面圧をかけて挟み込む形で締結します（**図5.6.1**）。軸の加工も簡単で、組立性もよいため、非常に多く用いられる形状です。一方で、単純に面で発生する摩擦力だけで締結するため、正しい脱脂や組立時の締付トルク管理が行われないと、必要な力が発揮できず、滑りが発生する可能性があります。

キー溝軸

キー溝と呼ばれる溝形状が軸に加工されています。締結部品側にも同じくキー溝が掘ってあり、そこにキーと呼ばれる締結部品をはめ込むことで軸の締結を行います（**図5.6.2**）。軸同士がキーによって物理的に締結されているため、滑りが発生する可能性がほとんどなく、非常に強い締結力を発揮します。一方で、キー溝の加工にコストがかかり、組み立て時にはキーのすり合わせなどの技能が必要となる場合もあります。キーの形状は規格が制定されています（5.10項）。

Dカット軸

アルファベットの「D」のように一部が切り欠かれた形状に加工された軸です。平たい部分をネジなどで押し付けることで、軸の締結を行えます（**図5.6.3**）。締結側の部品の形状が作りやすく、シンプルになるため、低コストで軸の締結を実現できます。一方で、ネジでの締結の場合、振動などによるゆるみ対策が必要です。メス側もDカットの穴にすれば強い締結力を発揮できますが、加工性が悪いため、あまりお勧めできません。Dカットについては寸法に関する規格は存在しないため、メーカーや設計者が任意で形状を決めます。

産業機械では、丸軸かキー溝が一般的に用いられます。Dカット軸は、ホビー用途で使うギアードモーターなど、小さなモーターに多いイメージですね。モーターのカタログに仕様が書かれていますので、チェックしてみるとよいでしょう。

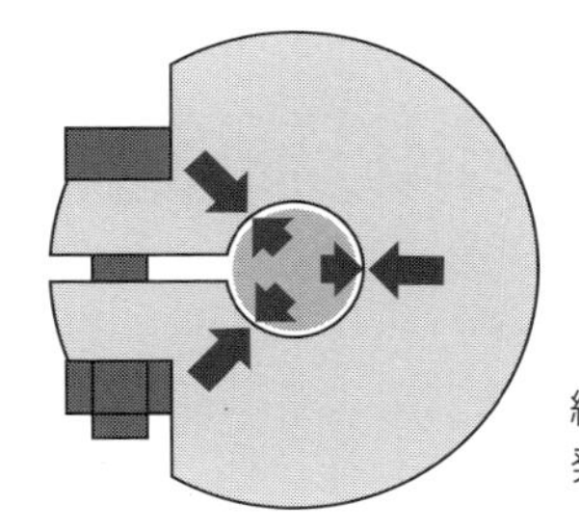

締付け時の面圧により
発生する摩擦力で締結

図5.6.1　丸軸
（Suzaku Lab　HPを元に作成）

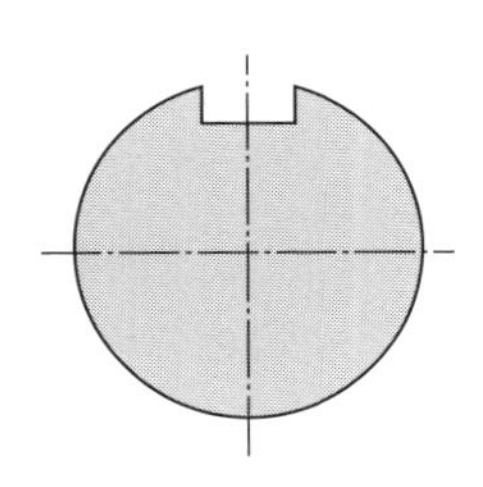

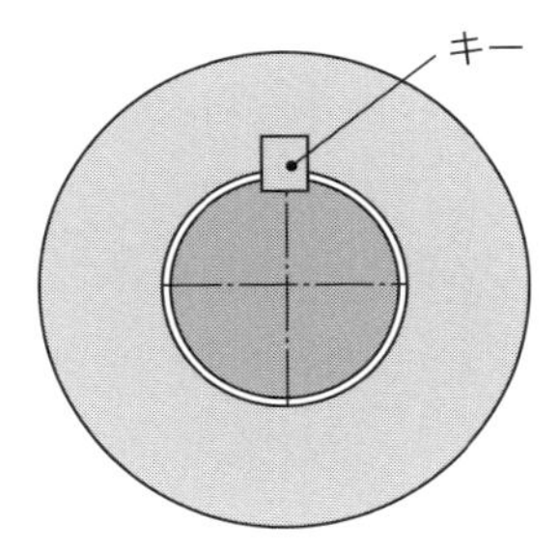

キー軸にはめ込むように
締結する

図5.6.2　キー溝軸
（Suzaku Lab　HPを元に作成）

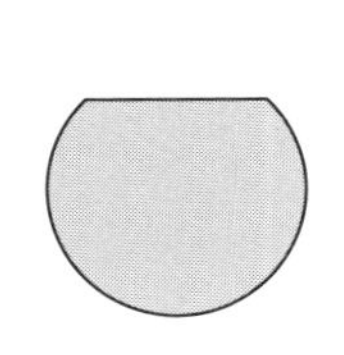

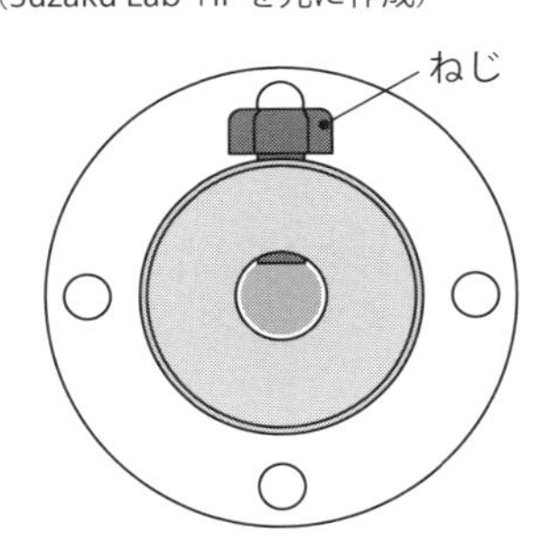

軸の平たい部分に
ねじで押し付ける

図5.6.3　Dカット軸
（Suzaku Lab　HPを元に作成）

- 丸軸は、軸を握るように面圧をかけて締結！
- キー溝軸は、部品側に掘られた溝にキーをはめ込んで締結！
- Dカット軸は切り欠かれた部分にネジを押し付けて締結！

5.7 丸棒の締結

カップリングが丸棒をどのようにクランプしているのか、その仕組みを見ていきましょう。軸のクランプ方法には、大きく分けて2種類の方式があります。

クランプボルト式

ボルトで締め込んで軸を握り込む形でクランプする方式です（**図5.7.1**）。一部にスリットが入った円柱のような形をしています。手で軸を握るようなイメージで直感的に仕組みを理解できるシンプルな構造です。基本的には丸棒をクランプするのが原則です。キー溝付きやＤカットの軸も物理的にはクランプできますが、接触面積が減るため従来のカップリングの性能が発揮できなくなる可能性があります。推奨はできませんが、やむを得ない場合は組み立て時の軸の位相に注意しましょう。キー溝やＤカットの部分がクランプボルトの180°反対側にくるような位相が好ましいです。基本的には丸棒タイプを使用しましょう。

くさび式

クサビを締め込む形で軸をクランプする方式です（**図5.7.2**）。端面側からボルトを締め込み、クサビを打ち込むような形で軸の外周に圧力をかけ、摩擦でクランプします。クランプボルト式に比べクランプ力が高いため、伝達できるトルクも大きくなります。一方で、端面からボルトを締め込まなければならないため組立性は悪いです。分解の際も、クサビを打ち込んでいるため、ボルトをゆるめるだけでは取り外せず、取り外し用のボルトを使用して外します。採用する際は、分解を考慮した設計が必要です。さもなくば、組んだら最後、二度と分解できない「呪いのカップリング」となってしまうかもしれません。注意しましょう。

補足ですが、カップリングで繋ぐ軸同士は異径の組み合わせの場合もあります。同径の方が美しいですが、モーター側と軸側で径が合わないことがあります。そのような場合に備えて、カップリングでは異径の組み合わせが多くラインナップされています。ただし、径に差があるカップリングは、径の小さいほうが軸を掴む力が小さいため、伝達トルクも小さい径のほうに依存します。軸の径に差がある際は、伝達トルクを超えて滑りが起きないか注意しましょう。歩幅の小さいほうにペースを合わせる、まるで恋人同士が手を繋いで歩いているようですね。

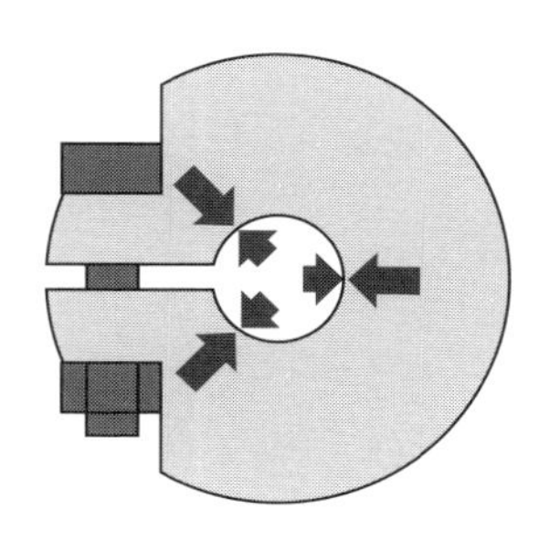

締付け時の面圧により
発生する摩擦力で締結

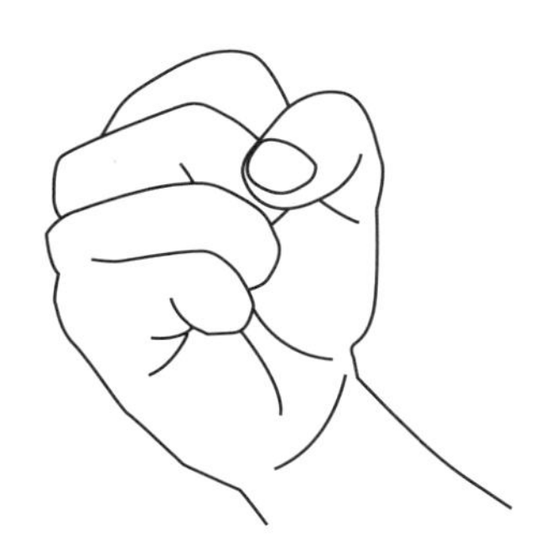

イメージは手で握る感じ

図5.7.1　クランプボルト式

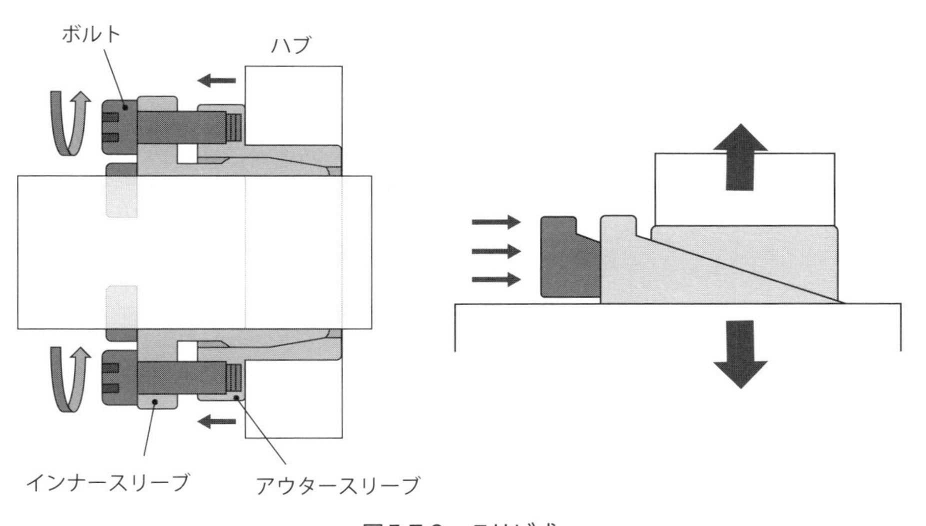

図5.7.2　クサビ式

（三木プーリHPを元に作成）

- クランプボルト式は、丸棒を握りこむように締結する！
- くさび式は端面をボルトで締め、摩擦でクランプ！
- 異径の軸を繋ぐが合いに備えたカップリングもある！

5.8 キー締結

キーとは、軸と回転体を滑らないように締結し、動力を伝えるための機械要素です。別名「マシンキー」とも呼ばれ、その名のとおり、鍵（キー）のように差し込んで使います。シンプルな構成ながら、非常に高い伝達トルクを伝えることが可能です。最大の特徴は、力の伝えかたにあります。軸側とカップリング側のキー溝に挿入されたキー自体をせん断する力により、トルクが伝達されます。つまり、丸棒のクランプ式の締結とは異なり、キーの物理的な強さで力を伝えます。したがって、組んでしまえばキーが破断しない限り、滑りが発生することはありません。キーが身を挺して、トルクを伝えてくれるわけです。

ただし、限界はあります。キーの強度の限界を超えると、破断したり、変形したりして使い物にならなくなってしまいます。それを防ぐため、JISの規定に基づいて必要な伝達トルクに応じた適切な形状・サイズのキーを選定する必要があります。キーは大きく分けて3種類あります。

平行キー

もっとも使用頻度が高く、一般的に使われるキーです（**図5.8.1**）。形状は直方体です。平行キーの中でも、角柱状の「ストレート」、片側にRを取った「片側丸形」、両側にRを取った「両側丸形」があります。

勾配キー

長手方向に勾配がついているクサビ型のキーです（**図5.8.2**）。勾配があることで抜けにくいのが特長です。勾配キーの中にも「頭付」と「頭無し」があります。頭付勾配キーは、キーの挿入・取り外し作業の際に使うための引っかけ部分が付いています。頭無しは、キーが突き出るのが邪魔な時に用います。

半月キー

半月の形をしたキーです（**図5.8.3**）。平行キーや勾配キーに比べ伝達できるトルクが小さく、軽負荷用として用いられます。その代わり組立性がよく、取り付け・取り外しを容易にできるのが特徴です。

軸の締結でキーを利用する場合、特別な理由がない限り平行キーが用いられます。ちなみに平行キーと勾配キーを合わせて「沈みキー」とも呼ばれます。

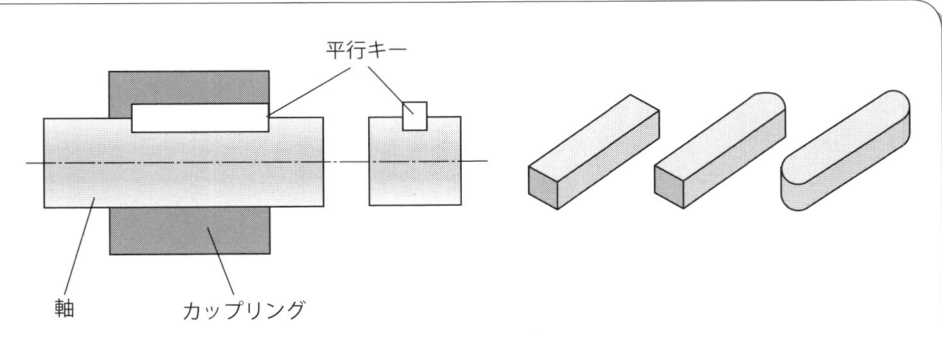

図5.8.1　平行キー

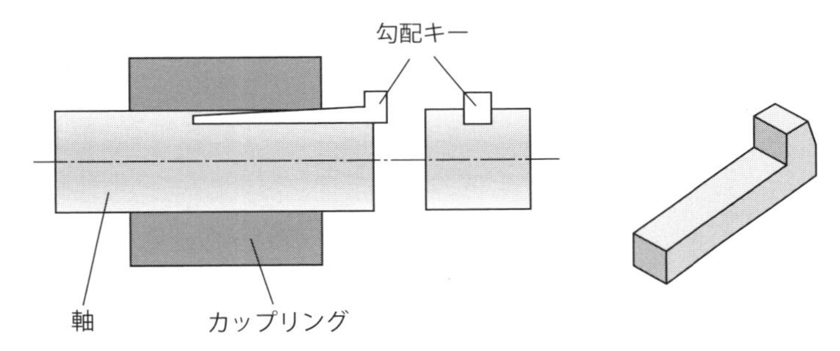

図5.8.2　勾配キー

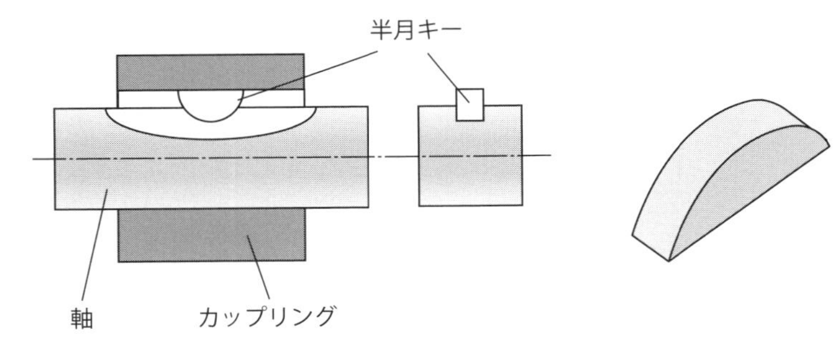

図5.8.3　半月キー

- キーとは、軸と回転体を締結して動力を伝える機械要素！
- 大きく平行キー、勾配キー、半月キーの３種類がある！
- 伝達トルクに応じて必要な形状・サイズのキーを選ぶ！

5.9 キーの強度について

vキーの強度計算について見ていきましょう。キーが受ける力は、主に**図5.9.1**のように回転トルクによるせん断と圧縮です。キーが持つ強度以上の力を受けると、せん断破壊、もしくは圧縮破壊のどちらかが起こってしまいます。つまり、回転トルクによって発生する力に対して耐えられるようなキーの大きさにすればよいわけです。単純な長方形の平行キーを例に考えていきましょう。負荷される力に対し、必要なキーの幅を算出する式は下記のとおりです。

（せん断）

$$b=\frac{\pi}{8}\cdot\frac{\tau_d}{\tau_s}\cdot\frac{d^2}{\ell}$$

（圧縮）

接線力　$P=\frac{2T}{d}=\frac{h}{2}\ell\sigma_{\mathrm{c}}$

T：軸に加わるトルク、b：キー幅、τ_s：せん断応力、l：長さ

この式で算出した以上のキーの大きさになっていれば問題ありません。3.16項でも記載しましたが、必要に応じた安全率を乗じて考えましょう。本項では考え方としてキーの強度計算を紹介しましたが、キーの寸法は軸寸法ごとに規格化されています。カップリングやモーターに刻まれたキー溝は、すでに伝達可能なトルクを前提として定められているため、実際にキーの強度計算をする場面は少ないです。さらに、計算が必要な場合でも、インターネットで検索すればキーの強度計算を自動で行える便利なサイトがいくつも見つかります（**図5.9.2**）。しかし、内部で行われている計算を理解して使うのと、何もわからず数値を入力しているのでは、出てくる結果は同じでも技術者としての理解度には雲泥の差があります。実際に計算を行う機会は減っていますが、キーの強度計算では上記のような要素を考慮する必要がある、ということはぜひ頭に入れておきましょう。

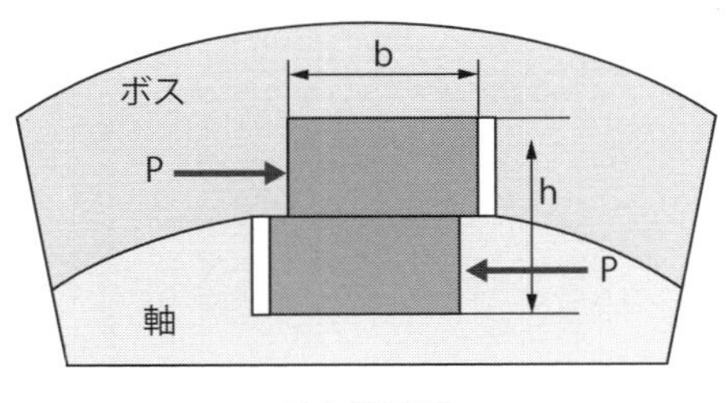

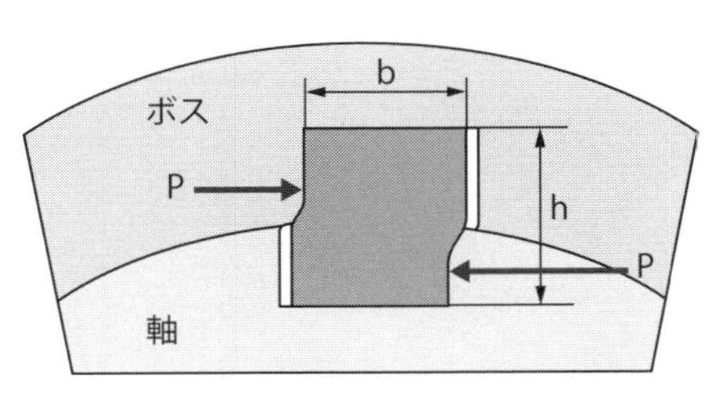

せん断破壊　　　　圧縮破壊

図5.9.1　キーが受ける力と破壊形態

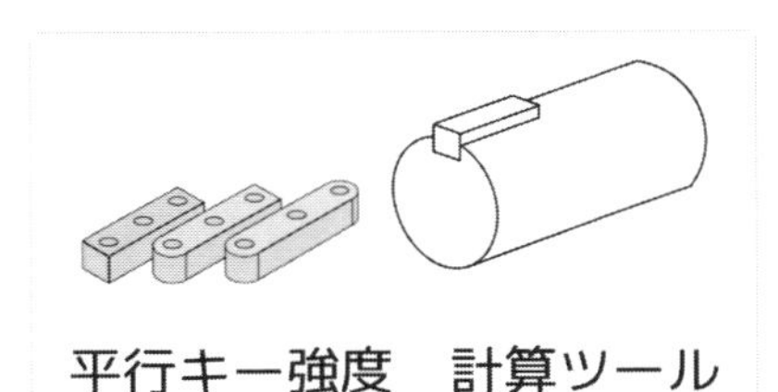

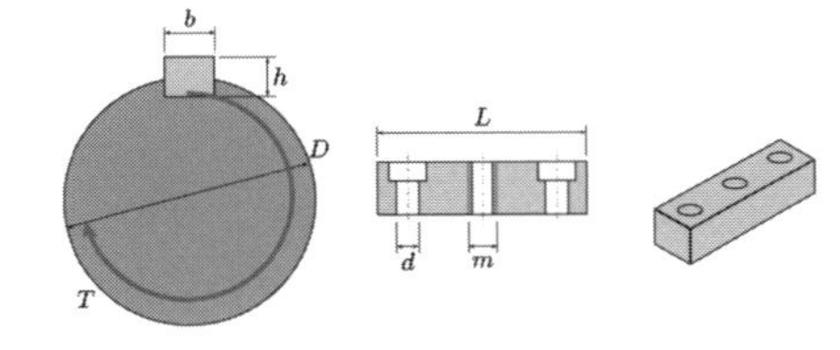

入力

キー（ストレート）

キーの呼び幅	b		mm
キーの呼び高さ	h		mm
キーの呼び長さ	L		mm
座ぐりの穴数	n_d		-
座ぐりのバカ穴径※1	d		mm
抜きタップの穴数	n_m		-
抜きタップの呼び径※1	m		-
軸径	D		mm
トルク	T		N･mm

図5.9.2　キーの強度計算ができる便利なサイト
（ものづくりのススメHP）

- せん断と圧縮に耐えうる大きさのキーを選ぶ
- 必要に応じた安全率を乗じて計算する
- 計算サイトを使用するうえで、式の内容を理解しておこう！

5.10 キー締結の注意点

シンプルな形状で大きなトルクを伝達できるキーですが、キーならではの注意点もいくつかあります。

一つ目は、どうしてもキーと溝の間に隙間が生じることです。**図5.10.1**にキーとキー溝の規格の一部を抜粋しています。たとえば基準寸法4の普通形では、最大で45 μmの隙間が生じます。これは回転時にガタつきとして現れます。特に回転方向が繰り返し変わるような動作をさせた際には、軸とともにキーが摩耗してフレッチング摩耗を起こす可能性があります。フレッチング摩耗とは、細かい振動を受けた際に金属表面が損傷する現象です。これが発生すると、摩耗箇所を起点として疲労破壊が起こり、キーが破断することがあります。

対策として、回転方向が頻繁に変わる軸では、キーの隙間が小さくなるような設計を行う必要があります。キーとキー溝の嵌合がきつくなるように、キー溝側の寸法を規格の普通形ではなく、締込み形にするなどの配慮が必要です。一方で、締込み形にすると組立作業で手作業の調整を行う必要があり、組立には高い技能が求められます。反転動作が多い機械や回転方向のガタを許容できない機械では、キー締結ではなく丸棒のクランプ締結を選んだ方が無難でしょう。

二つ目は、軸方向の荷重に対する耐久性です。キーは回転方向のトルク伝達には優れているものの、軸方向の荷重、特に大きな押し引きの力が加わる場合には注意が必要です。キーは基本的に回転方向の力に対応するよう設計されているため、軸方向に力を受けてしまうと、キーが軸やハブに対して動いてしまうことがあります。これにより、キーが変形したり、最悪の場合には抜け落ちたりすることもあります。抜け落ちの対策としては、キー自体をボルトで固定する方法があります。座グリ穴付きのキーも市販されています（**図5.10.2**）。また、キーにはキー自体をキー溝から抜くためのタップが開いているものもあります。分解する可能性がある部分は、分解の工程も考慮して選定するとよいでしょう。

基本的には、キーが軸方向の荷重を受けるような構造になっていないかどうかをしっかりと確認しましょう。

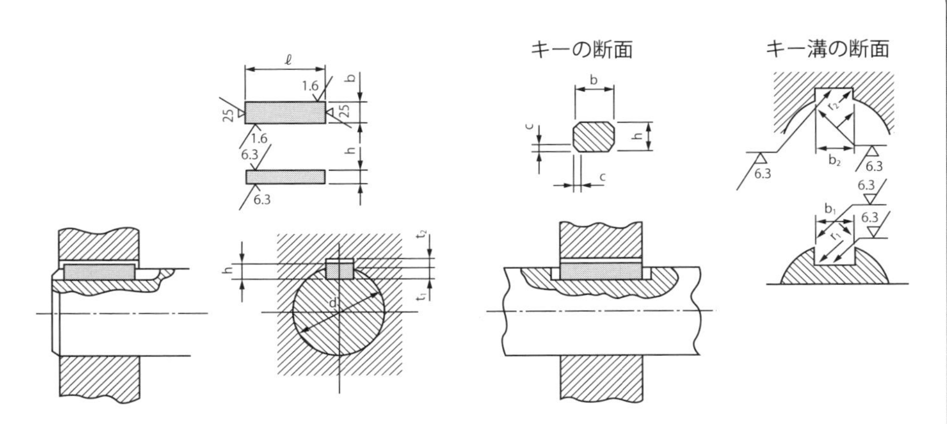

■JIS規格（JIS B 1301-1996抜粋）

キーの呼び寸法 b×h	適応する軸径d	キーの寸法					cまたはr	キー溝の寸法								
		b		h				b1.b2の基準寸法	締込み形	普通形		r1およびr2	t1		t2	
		基準寸法	許容差(h9)	基準寸法	許容差				b1.b2の許容差（P9）	b1許容差（N9）	b2許容差（Js9）		基準寸法	許容差	基準寸法	許容差
2×2	6〜8	2	0 −0.025	2	0 −0.025	h9	0.16〜 0.25	2	−0.006 −0.031	−0.004 −0.029	±0.0125	0.08〜 0.16	1.2	+0.1 0	1.0	+0.1 0
3×3	8〜10	3		3				3					1.8		1.4	
4×4	10〜12	4	0 −0.030	4	0 −0.030			4	−0.012 −0.042	0 −0.030	±0.0150		2.5		1.8	
5×5	12〜17	5		5			0.25〜 0.40	5				0.16〜 0.25	3.0		2.3	
6×6	17〜22	6		6				6					3.5		2.8	
8×7	22〜30	8	0	7	0			8					4.0		3.3	

図5.10.1　キーの規格（抜粋）

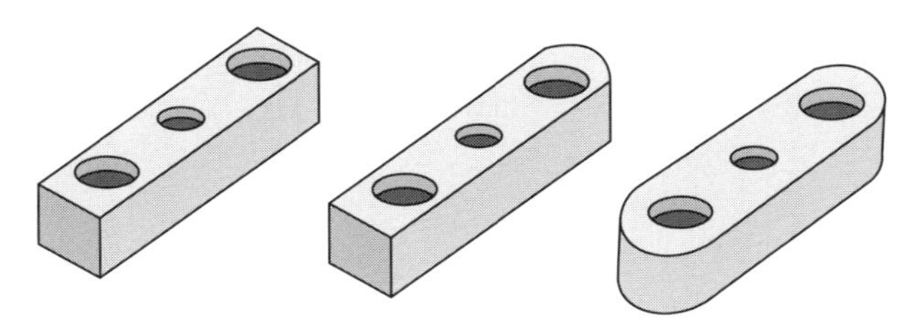

図5.10.2　タップ穴、座グリ穴付き平行キー

- キーと溝の隙間が小さくなるような設計の配慮が必要！
- キーをボルトで固定するなど抜け落ち対策も必要！
- キーが軸方向の荷重を受けないようにすることが大切！

5.11 カップリングの選定 ～種類を選ぼう～

さて、ここまで読み進めてくださったなら、軸締結に関する基礎的な知識は身についているはずです。ここからは、具体例をもとにカップリングの選定手順を見ていきましょう。ぜひ自分が実際に設計しているつもりで、読み進めてみてください。

まずは装置の構想を見てみましょう（**図5.11.1**）。よくある搬送装置ですね。サーボモーターを使ってボールねじを回転させることで、ベースプレートの位置を移動させます。ベースプレートは直動ガイドによって支えられています。考えるべき軸の締結は、サーボモーターとボールねじの締結です。正しく動力を伝えるためには、どのようなカップリングを選ぶべきでしょうか？　考えていきましょう。

まず、この装置のカップリングにどのような特性が求められるか考えてみましょう。考えるべき要素はバックラッシ、ミスアライメント、動作の3つです。まずバックラッシですが、回転方向にガタつきがあっては、精度よくベースプレートの位置決めができません。そのため、バックラッシゼロのカップリングがよいでしょう。次にミスアライメントですが、装置の構成としてはサーボモーター側を動かしてボールねじの軸との芯を調整する必要がありそうです。調整次第では偏心や偏角が発生するかもしれません。しかし、軸のサポート間が短く、熱膨張しても大して寸法は変化しないのでエンドプレイは気にする必要はなさそうです。したがって、偏心と偏角を許容できるカップリングがよいでしょう。最後に動作に関しては、往復運動を行うので軸の回転方向は一定ではありません。細かく回転方向が切り替わる動きをします。搬送中の動作についてはそこまでシビアではなく、正しい位置に位置決めできることがもっとも大切です。動作頻度もそれほど多くないため、回転時の熱や振動はさほど気にする必要はなさそうです。

以上の考察から、この搬送装置に必要なカップリングは、バックラッシがなく、ミスアライメント（偏心・偏角）を許容できるものがよいでしょう（**図5.11.2**）。ここまでわかれば、カップリングのタイプはおおよそ選定できます。今回はカップリングメーカーのカタログを見て、スリット形のものを選びました。このカップリングで本当に大丈夫か、確認していきましょう。

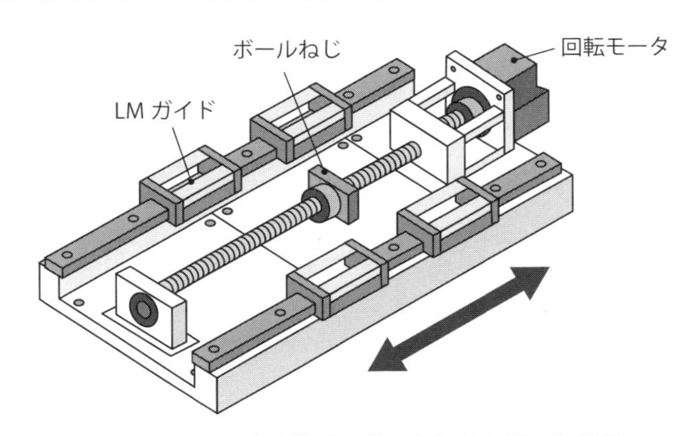

図5.11.1　設計具体例　ボールねじを用いた装置
（THK HPを元に作成）

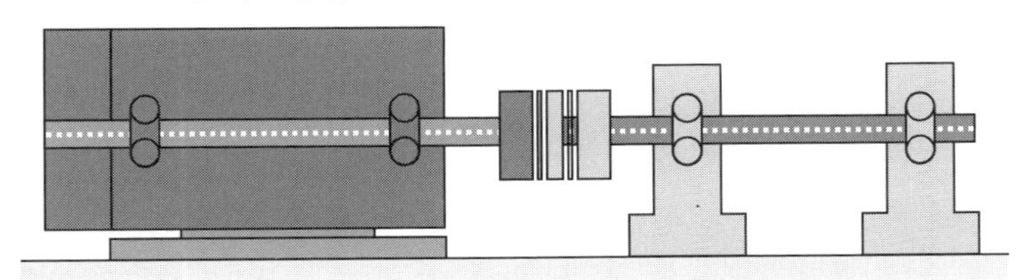

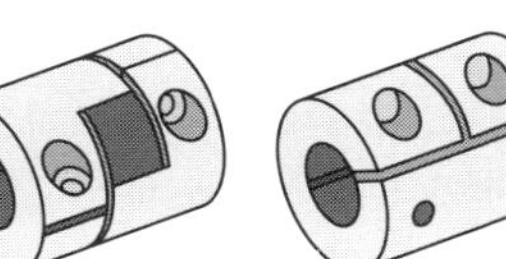
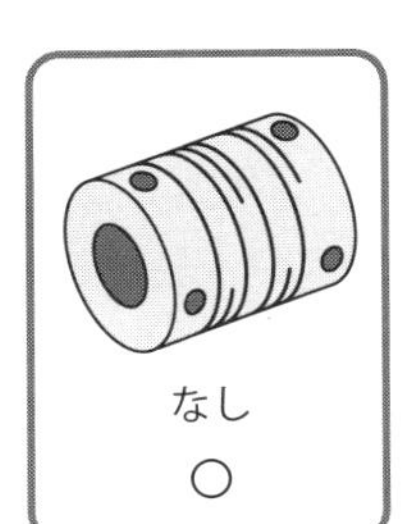

バックラッシ	あり	なし	なし
ミスアライメント	○	×	○

図5.11.2　カップリングの選定作業と着眼点
（三木プーリHPを元に作成）

- 装置の構想から、必要なカップリング性能を検討！
- バックラッシ、ミスアライメント、動作の3つを考える！
- 必要な要素が決まったら、メーカーのカタログから選定！

5.12 カップリングの選定 ～トルクを考えよう～

種類を選定したあとは、具体的な型番を選定していきましょう。架空のものですが、カップリングの仕様の例を**表5.12.1**に記載しました。ここで重要になってくるのが、伝達トルクとねじり剛性です。必要な力を正しく伝えることができるかに関わる重要な指標です。

伝達トルクは、機械についているモーターの仕様で決まります。基本的にはモーターの最大トルクを参考にカップリングを選定していきます。装置によってはトルクを制御し、最大トルクまで使用しない場合もありますので、制御仕様をもとに判断すればよいでしょう。今回は、加減速時にモーターの最大トルクを使用する想定で進めます。サーボモーターの仕様表も**表5.12.2**に記載しました。最大トルクは8Ｎ・ｍです。これを満たすカップリングを選定していきましょう。

パッと見た感じ、Ｂが条件を満たしそうですね。しかし、これで決めてしまうわけにはいきません。トルクに関しては、もう一つ検討が必要です。それが補正トルクです。計算上のトルクに対して、さらに安全を見て判断するために補正トルクを考慮します。動作のパターン、モーターの種類、使用環境の温度などによってさまざまな補正係数があり、使用する環境に応じて最大トルクに係数を掛けて余裕を確保する必要があります。係数自体は規格で決まっているわけではなく、各カップリングメーカーの推奨値がカタログに載っているはずなので、選定の際にチェックしましょう。今回は架空のカタログから係数を持ってきます（**表5.12.3**）。細かい加減速の動作がある場合は、係数を2取るように指示があるので、それに従い計算を行います。結果としては、ＢではなくＤが条件に適しているので、これを選定候補とします。

カップリングを選ぶ際は、軸の締結のタイプも選ぶことができます。同じ型式でも、クランプボルト式とキー溝式を選ぶことが可能です。用途に応じて選びましょう。カップリングの種類によっては、どちらか一方のタイプしかないものもあるので注意が必要です。ちなみに、今回のように細かく回転方向が切り替わる動作の場合、キー締結は不向きです。キーの隙間によりフレッチングが発生する可能性があるためです。

表5.12.1　カップリングの仕様

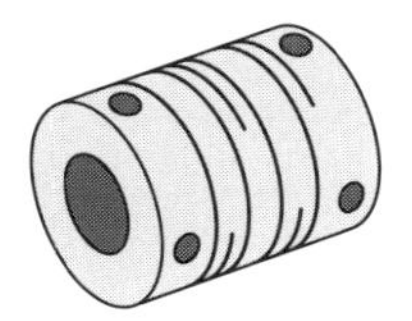

カップリング

型式 [－]	許容トルク [N・m]	最高回転数 [min^{-1}]	ねじりばね定数 [N・m/rad]	軸方向ばね定数 [N/mm]
A	5	10000	8000	64
B	10	10000	18000	112
C	12	10000	20000	80
D	25	10000	32000	80
E	40	10000	50000	43

表5.12.2　モーターの仕様

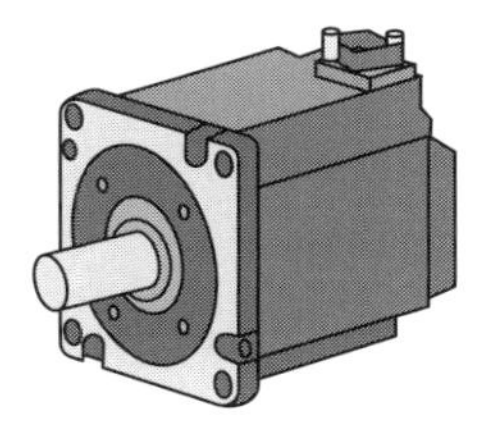

モーター

定格出力	0.75［kW］
定格トルク	2.4［N・m］
定格回転数	3000［min^{-1}］
最大回転数	5000［min^{-1}］
最大トルク	8［N・m］

表5.12.3　補正係数

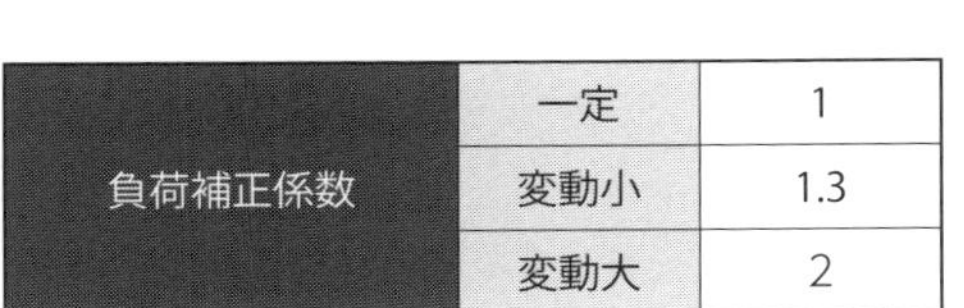

負荷補正係数	一定	1
	変動小	1.3
	変動大	2

- モーターの最大トルクを参考にしてカップリングを選定！
- 最大トルクに補正係数を掛けて余裕を確保！
- クランプボルト式とキー溝式のどちらにするかも選択！

5.13 カップリングの選定 ～ねじり剛性を考えよう～

形式が定まったところで、次はねじり剛性について考えていきましょう。剛性とは、物の変形しにくさを表す指標です。カップリングのねじり剛性は、トルクが加わったときにどれだけねじる方向にカップリングが変形するか、その変形量が機械として許容できるかを判断する際に使用します。雑巾を絞るようにカップリングがねじれてしまったら困るわけです。雑巾を絞るような変形は極端ですが、カップリングは動作時にねじれて変形しています。その変形量の影響を計算してみましょう。

選定したカップリングのねじりばね定数は32000 N·m/radです（**表5.13.1**）。実際の機械の動作の際、カップリングがねじられそうか計算してみましょう。モーターの最大トルクは**表5.13.2**によると8 N·mですので、その力が作用したときの変形量を計算すると、8×(1/32000)＝0.00025 radです。これを角度に直すと、0.014°です。ボールねじのリード（一回転あたりの進む距離）が16 mmだと仮定すると、カップリングのねじれにより装置として約6 μm分だけ想定の位置よりもズレていることになります。トルクが抜ければカップリングは元の形に戻るため、ズレているのは加速中だけです。数値としては非常に小さく、今回のような搬送装置の場合、このようなズレはほとんど問題にならないため、カップリングのねじり剛性としては問題ないといえます。

では、どのような場合にねじり剛性が重要になるかといえば、精密な動作が必要になる場合です。たとえば、**図5.13.1**のような装置で2つの駆動軸があり、2つの軸を同期させて円を描きたいとしましょう。この時、カップリングのねじり剛性が足りていないとどうなるでしょうか。トルクがかかるたびにお互いの軸の位置が想定よりも微妙にずれてしまい、描く円がいびつになってしまいます。このように動作の軌跡としての精度が求められるような機械は、特にねじり剛性が重要となってきます。ただし、ねじり剛性はカップリングだけの話ではなく、繋がっている軸全体もねじれています。軸が長ければ長いほど、軸側のねじれが支配的になります。ねじり剛性を検討する際は、カップリングだけでなく軸全体としてのねじり剛性をしっかりと考える必要があるでしょう。

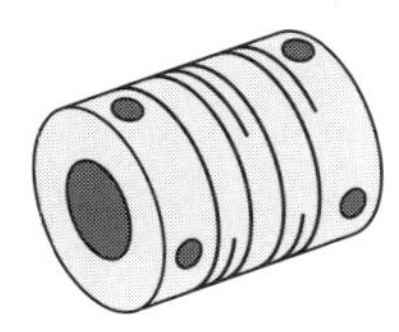

カップリング

表5.13.1　カップリングの仕様

型式 [－]	許容トルク [N･m]	最高回転数 [min^{-1}]	ねじりばね定数 [N・m/rad]	軸方向ばね定数 [N/mm]
A	5	10000	8000	64
B	10	10000	18000	112
C	12	10000	20000	80
D	25	10000	32000	80
E	40	10000	50000	43

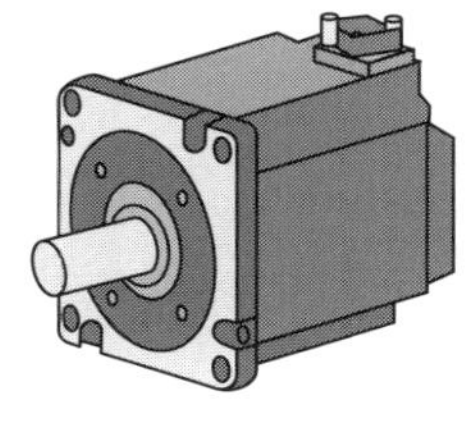

モーター

表5.13.2　モーターの仕様

定格出力	0.75［kW］
定格トルク	2.4［N･m］
定格回転数	3000［min^{-1}］
最大回転数	5000［min^{-1}］
最大トルク	8［N･m］

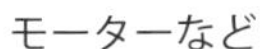

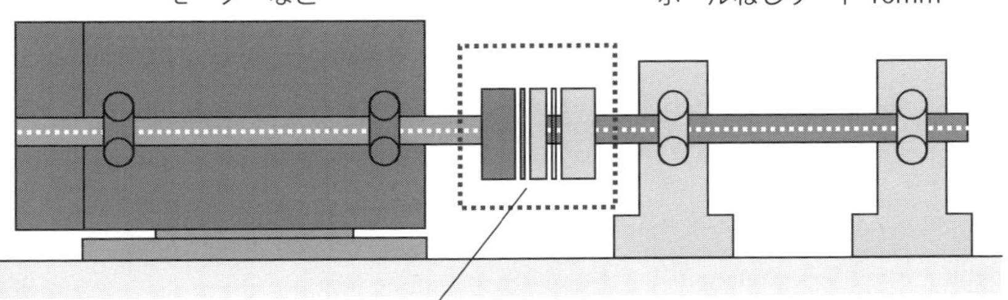

図5.13.1　ねじれ剛性の影響

（三木プーリ HPを元に作成）

- カップリングのねじりによる変形量を計算しておこう！
- 精密な動作が必要な装置ではねじり剛性が重要！
- ねじり剛性検討の際は軸全体の剛性にも注意を払おう！

磁石で繋がるカップリング

本章ではここまで紹介できなかった特殊なカップリングについて説明します。それが、マグネットカップリングです。マグネットカップリングは磁力を用いた非接触型のカップリングで、その名のとおり磁力を利用して動力を伝達します。

物理的な接触なしに、磁力の吸引・反発を利用して動力を伝達します。軸同士の間に空間があり、まるで浮いているかのように動力を伝えることができる、不思議なカップリングです。物理的に接続されていないため、ミスアライメントをほぼ気にすることなく、組み付けや動力の伝達が可能です。

また、通常のカップリングでは実現できない動力伝達も行えます。それは、壁を隔てて動力を伝達することです。たとえば、密閉された容器の中にある軸にも、磁力を利用して動力を伝達することが可能なのです。相手側が完全に密閉されていても問題がないため、たとえば片側が水槽のようになっており、水や油を使用する機構でも動力伝達が可能です。とても不思議ですよね。

もちろん、マグネットカップリングも万能ではありません。伝達トルクは通常のカップリングに比べてかなり低く、規定のトルクを超える負荷がかかると、マグネットが滑ってしまいます。しかし、この特性を利用して、一定以上の力がかかると伝達が解除されるトルクリミッターとして活用することも可能です。

手段と目的が逆転してしまうこともありますが、何かしら自分の設計に取り入れたくなるような面白い機構です。知っておくことで、設計のレパートリーが増えるかもしれませんよ。

気をつけたい！締結の失敗事例と対処策

6.1 失敗は成功の元

「失敗は成功の元」という言葉、よく聞きますよね。ものづくりにおいてもそれは同じで、さまざまな失敗を繰り返しながら技術的な知識やノウハウを身に着けていくものです。かくいう私も、さまざまな失敗をして、冷や汗をかきながらリカバリーをしてきました。そのたびに「もう同じミスはすまい……」と心に誓いました。失敗が自分の血となり肉となるわけです。ただし、必ずしも自分で失敗する必要はありません。他人の失敗であっても、「自分だったらどうするか？」という視点を持って考察すれば、教訓が得られます。ドイツの政治家オットー・ビスマルク氏は「愚者は経験に学び、賢者は歴史に学ぶ」という言葉を残しています（**図6.1.1**）。それほど、他人の失敗は技術者にとって共通の財産なのです。

ここからは、締結におけるさまざまな設計の失敗事例を紹介します。どれも、ついやってしまいそうなちょっとしたミスです。つまり、あなたもやってしまう可能性があるミスです。実際に私が犯したミスも多く含まれています。本章で失敗を知ることによって、皆さんが実際に失敗を経験しなくても、過去の技術者たちの歴史に学ぶことができるでしょう。つまり、皆さんは賢者となれるのです。

失敗事例を見る度に、思い出す言葉があるのでここで紹介します。

> 工学は今でこそ知識が体系化されているように見えます。しかし実際は、事故が生じるたびにエンジニアが応急対応した知識が経験的に蓄積された結果、網羅的な構造が出来上がったに過ぎません。
> 中尾政之「事故調査と責任追及 -- 失敗学の視点から」『ジュリスト』1245号

深い話です。つまり、工学の進歩とは失敗の積み重ねであるということです（**図6.1.2**）。逆に、人は失敗しなければ気づけないとも言えるでしょう。それだけ、他人の失敗には価値があるのです。ここからは具体的な失敗事例を紹介していきますが、あくまでも一例です。事例を参考に、周りの状況を想像しながら「だったらこんな失敗もあるかも？」と想像を広げて読んでいただけると、さらに多くの気づきが得られるはずです。ぜひ、そのようにご活用ください。

図6.1.1　オットー・ビスマルク氏

図6.1.2　失敗の積み上げこそ技術の発展

- 「失敗は成功の元」は設計現場でも同じ！
- 過去の他人の失敗に学び、設計現場の賢者になろう！
- 事例を元に、別の失敗の可能性についても想像してみよう！

6.2 ねじ編1：工具が干渉してねじが回らない！

何が起こった⁉

「3Dモデルで確認したときは気がつかなかったけれど、実際にものを作ってみたら工具が入らず、ねじを回せなかった……。作ってから気がついても後の祭りだ！」

何が原因なの？

3DCADで設計する際にやりがちな失敗です。3Dモデル上ではどんなアセンブリでも組むことができますが、実際の機械ではそうはいきません。組立作業を行うためには必ずスペースが必要です（**図6.2.1**）。スペースの検討を忘れると、せっかく作った部品が取り付かず、機械全体を作り直さなければならなくなるかもしれません。要注意です。

気をつけよう‼

まず、ボルトを入れられるかどうかを考えましょう（**図6.2.2**）。特に凹んだ場所などは要注意です。次に、ボルトを回せるかどうかを検討します。工具が入るかどうかはもちろん、工具自体を回せるスペースがあるかも確認しましょう。六角レンチであれば60°以上、スパナであれば30°以上回せるスペースが必要です。狭いスペース用の特殊な工具も市販されていますが、一般的に入手できる標準工具で回せるように設計したほうがよいでしょう。高さ方向にスペースがない場合は、六角穴付きボルトではなく六角ボルトなどを使う手もあります。また、部品の形状には問題がなかったけれど、隣り合うボルトが邪魔してボルトが外れないという事例もよくあります。設計するときは、頭の中で組み立てを入念にシミュレーションしましょう。工具の回転の軌跡を3Dモデル化しておいて、検証するのも有効です（**図6.2.3**）。

学ぼう！

・ボルトを回すスペースを考慮せずに部品を設計してしまった
・ボルトが入るか、工具が入るか、工具が回せるかをしっかり確認しよう
・工具の回転の軌跡を3Dモデル化しておくと、効率的に検討できる

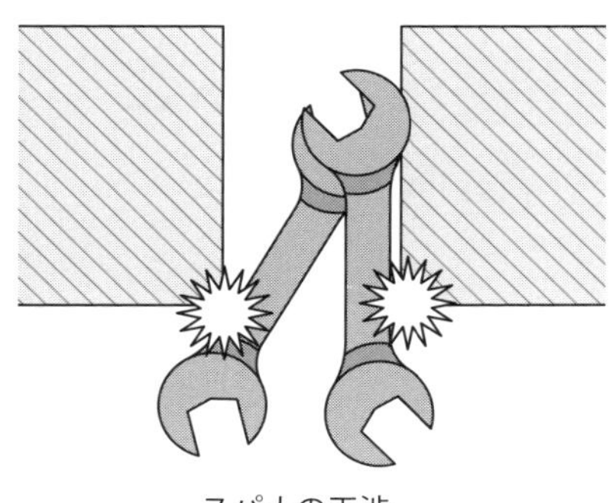

スパナの干渉

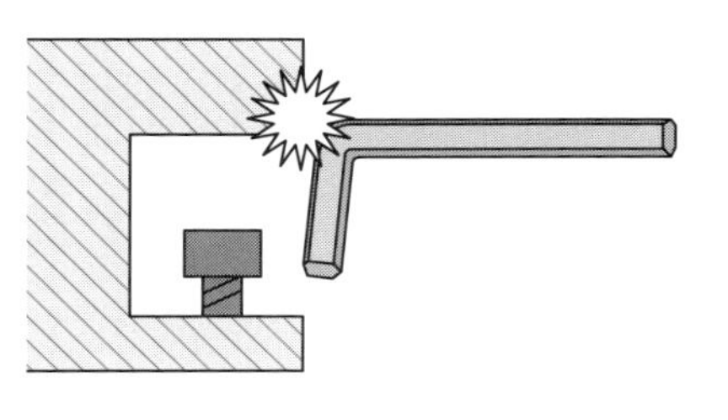

レンチの干渉

図6.2.1　工具の干渉

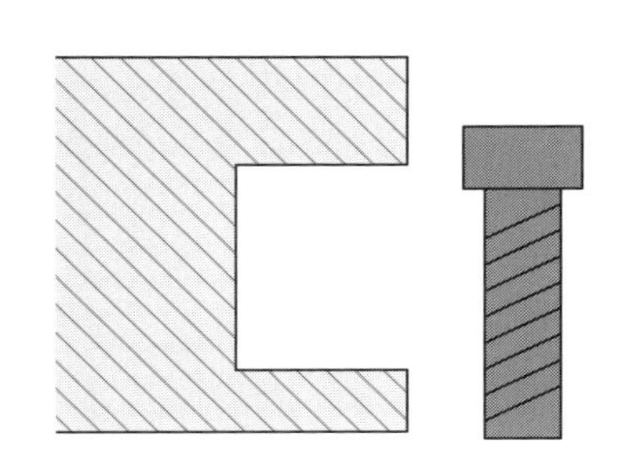

ボルト自体が
入らないことも……

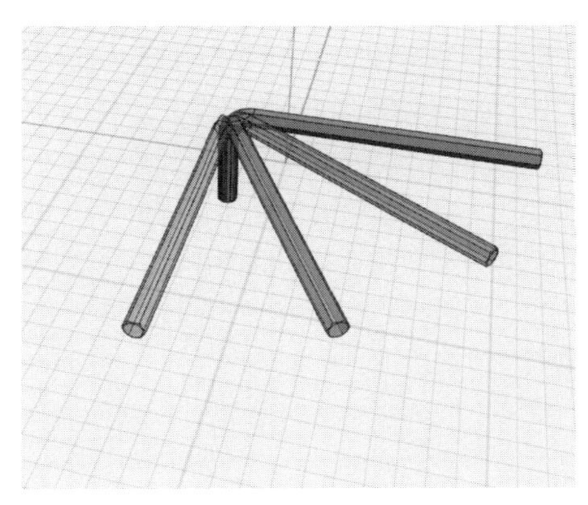

工具の回転軌跡を
3D モデル化しておくと
検証しやすいぞ！

図6.2.2　ボルトの高さに注意しよう！

図6.2.3　工具の回転をシミュレーション

- 3Dモデル上で忘れがちな、組立作業に関する失敗
- 組立作業には必ずスペースが必要になる！
- ボルトや工具が入るか、それらを回せるかを考えよう！

6.3 ねじ編2：時間が経つとねじが取れる！

何が起こった!?

「ねじはしっかり締めたはずなのに、時間が経つと次々にポロポロ取れてしまった……。トルク管理もしっかりしていたのに。ねじのゆるみにしてはあまりにも短期間だし、激しい振動を受ける場所でもないのに。いったいなぜ？」

何が原因なの？

見た目や感触ではしっかりとねじが締まっているように見えても、実際には締まっていない場合があります。ボルトが底付きした場合です（**図6.3.1**）。ボルトの座面が部品に接触する前に、ボルトの先端が穴の底についてしまう現象で、ねじ穴の深さが足りていないことが原因です。一見、すぐに気がつきそうなものですが、意外と厄介です。図のような座ぐり穴の場合、座面と部品が接触しているかどうかを目で確認できず、底付きに気がつかないことがあります。すると、冒頭の例のようにボルトがあっという間にゆるんで脱落してしまうことにつながります。

気をつけよう!!

選定したねじの長さと図面で指定したねじ穴の深さをしっかり確認しましょう。底付きしないようにするのはもちろんですが、ボルトが短すぎても問題があります。短すぎると、ゆるみやねじ山の破損を招きます。ねじがねじ穴に掛かっている長さを「掛かり代」といい、おおまかな目安としては1.5 D以上は掛かるように設計しましょう（**図6.3.2**）。Dとはねじの呼び径のことで、たとえばM12のねじの場合、ねじの掛かり代は12×1.5＝18 mm以上が必要ということになります。なお、これはあくまで鉄系の材料同士の場合の目安であり、部品やボルトの材質によっても異なります。大まかな指標として参考にしてください。

学ぼう！

・ボルトが次々と脱落、しっかり締めたつもりでもボルトが底付きしていた
・座ぐり穴だと、ねじの底付きに気がつけない場合もある。要注意
・ねじの長さと穴の深さを確認して、ねじの掛かり代を確保しよう

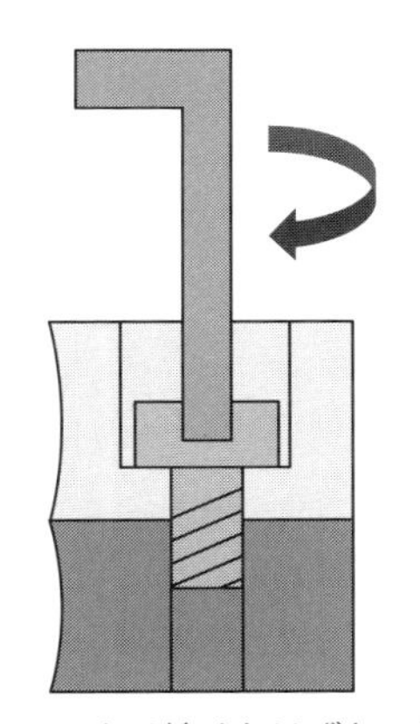

シッカリ締めたはずなのに

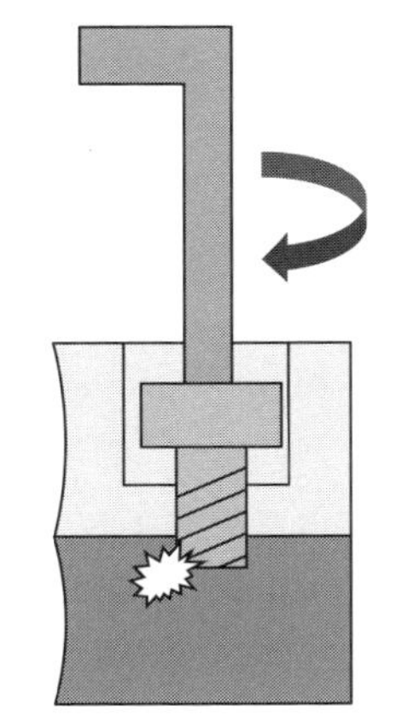

実は底付して浮いていた

図6.3.1　何が起こった？～ボルトの底付～

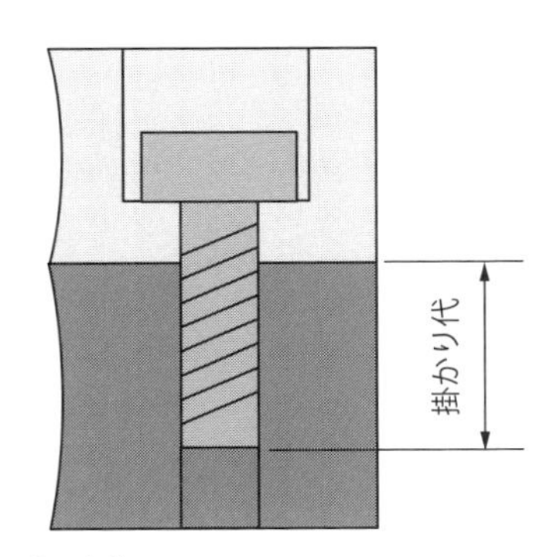

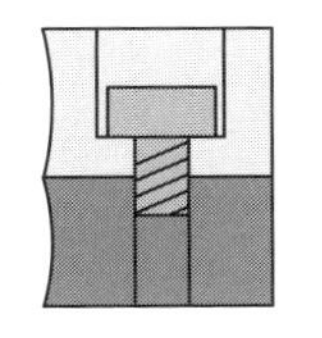

掛かりが短い

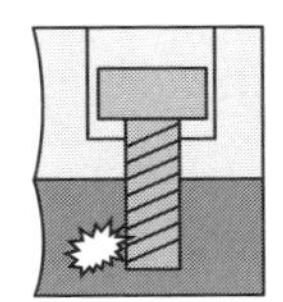

掛かりが長い（底付き）

【目安】

明確な規格はないが 1.5D が目安
（力が掛からない箇所なら最低でも 1D）

例：M12 なら　12×1.5＝18mm の掛かり代
※鉄同士の締結の目安、材質が異なれば適時検討が必要

図6.3.2　掛かり代をしっかり確認しよう！

- しっかり締めたはずのねじが、なぜか取れてしまう失敗
- ボルトの底付きは意外にも気がつきにくい！
- 掛かり代は1.5D以上を目安に考えよう！

6.4 ねじ編3：1本のねじで複数の部品を締結したら……

何が起こった!?

「ねじ一本で複数の部品を締結できる方法を思いついたのですが、実際に設計に取り入れたら、あまりよくありませんでした。一つの部品を外したいときに他の部品も動いてしまい、作業性が悪い。やらなければよかった……。」

何が原因なの？

一つのねじで複数の部品を挟んで締結することを「共締め」といいます（図6.4.1）。これがハンバーガーなら具だくさんで嬉しいですが、ねじの場合は「具は1品」が基本です。暫定的に部品を固定しておきたいなどの特別な理由がない限り、ねじ一本につき締結する部品は1ペアでなければなりません（図6.4.2）。その理由はまず、上述の例のようにメンテナンス性が悪くなること。そして、多くの部品を挟むことで、ねじの軸力が確保できず、ゆるみにつながる可能性があるためです。二兎を追う者は一兎をも得ず。締結に一石二鳥はありません。

気をつけよう!!

設計者ごとに意見の分かれる部分ではありますが、締結設計において共締めは基本的にご法度だという認識を持ちましょう。アース配線などで丸端子やクワガタ端子をどこかのボルトに一緒に挟み込む場面を見かけますが、これもしっかりと配線用のタップを準備すべきです。上述したように挟む部品が増えることで、座面が変形して軸力が安定しなかったり、ねじに想定外の外力が掛かったり、また異種金属同士の接触により電食が起こり、ねじやねじ穴を腐食したりと、様々なリスクを抱えることになります。横着せずに、一つ一つ丁寧な設計を心がけましょう。

学ぼう！

・ボルト一本で複数の部品を挟んで締結してみたが、作業性が悪い
・一つのねじで複数の部品を締結することを「共締め」という
・共締めは基本的にご法度。様々なリスクがあるので使わないようにしよう

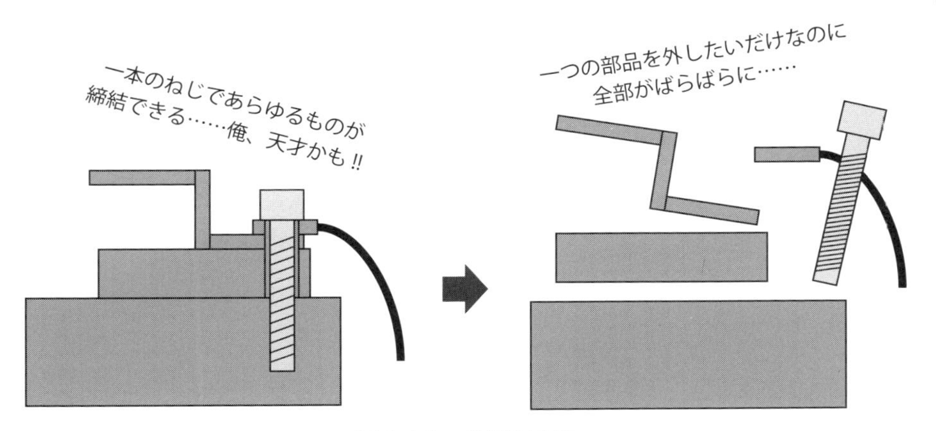

図6.4.1　共締め設計

図6.4.2　締結に一石二鳥はない！

- １本のねじで複数部品を締結したことで起こる失敗
- 締結する部品は、ねじ１本につき１つが原則！
- 想定外の外力や電食などの不具合が起こることもある！

6.5 ピン編1：ピンがうまく挿し込めない！

何が起こった⁉

「ピンを打ち込みたいのに、打ち込むとピンが押し返されて抜けてきてしまいます。ちゃんと挿入できません……一体何が起こっているのでしょうか？　ピン穴の中に小人でも住んでいるのでしょうか？」

何が原因なの？

これはピンを挿入するときによく起こる問題です。残念ながら小人は住んでいませんが、そこには空気があります。止まり穴のピン穴では空気の逃げ道がなく、ピンを挿入した際に圧縮された空気の力でピンが押し返されてしまうのです（**図6.5.1**）。ピンとピン穴の隙間が大きい場合は気になりませんが、はめあいの条件が厳しい場合にはよく起こります。空気の押し返す力は非常に強く、どんなに一生懸命打ち込んでも押し返されてしまいます。その瞬間は打ち込めたように見えても、時間が経つにつれて徐々に抜けてしまう場合もあるので、要注意です。

気をつけよう‼

ピンを配置する際は、空気の逃げ道を作るように意識しましょう。主な対策は2つです（**図6.5.2**）。1つ目は、ピン穴側に空気の逃げ道を作ることです。反対側からピン径よりも小さい穴を開けて、空気の逃げ道を作ります。単純に貫通穴にしてもよいでしょう。しかし、材料に厚みがある場合は、長い穴を開けなければならないため、部品の加工コストが上がります。そこで2つ目の対策として、エア抜き用の穴が開いているピンを使用する方法があります。ピンの種類によっては、穴が開いていたり、側面に溝が掘られていたりします。このような空気の逃げ道を「エアーベンド」と呼びます。止まり穴で、はめあいが厳しい場合は、エアーベンド付きのピンを選定することも重要です。一見、小さなミスに思えますが、シンプルゆえに非常に厄介なミスです。設計段階で気づけるようにしましょう。

学ぼう！

・ピンを挿すときに押し返されるなら、止まり穴に空気が詰まっているかも
・ピン穴側に空気の逃げ道を作って対策しよう
・エアーベンド付きのピンを選定するのもあり

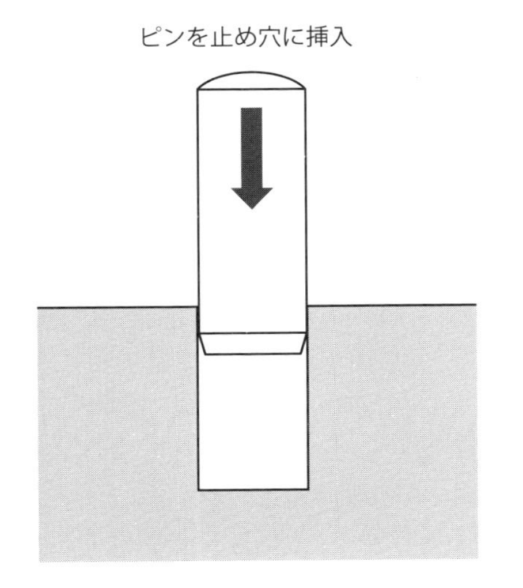

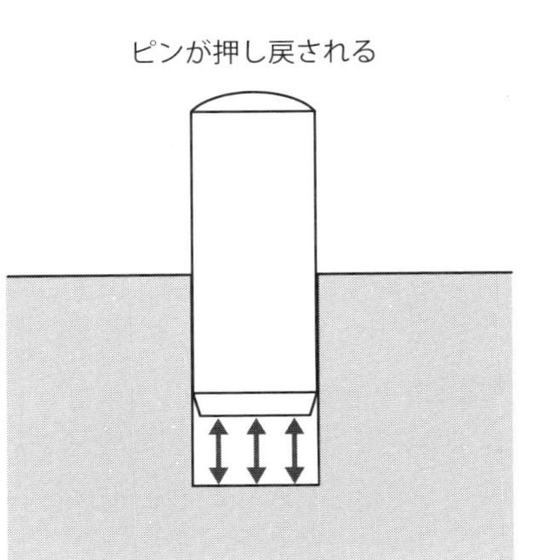

空気の逃げ場がなく、
圧縮された空気は反発する

図6.5.1　ピンが上手く打ち込めない

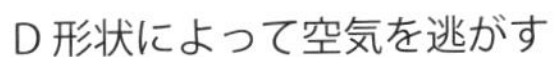

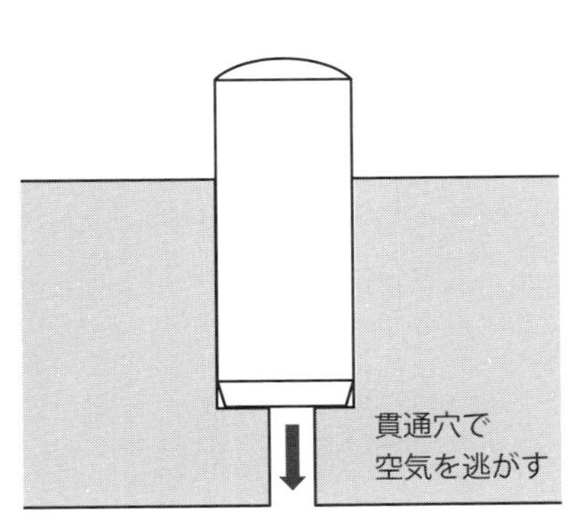

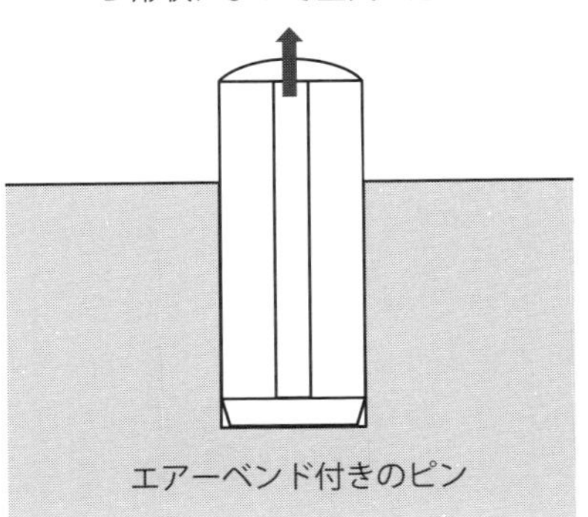

図6.5.2　空気を逃がす工夫をしよう！

- ピンを差し込んでも押し戻されてしまう失敗
- 止まり穴では空気によってピンが押し戻される！
- 貫通穴やエアーベンド付きピンで対策しよう！

6.6 ピン編2:ピンが突然破断した!

何が起こった!?

「ピンの強度計算は問題なかったはずなのに、機械の稼働中にピンが突然破断してしまいました(**図6.6.1**)。何かピンの使い方を間違えたのでしょうか?」

何が原因なの?

ピンは降伏応力を基準に安全率を設定して選定するのが基本です(3.16項)。つまり、破断したとなると、根本的に何かが大きく間違っていたということになります。今回の場合は、ピンの形状に問題があります。**図6.6.2**の断面図を見れば一目瞭然ですが、せん断荷重を受ける箇所とピンの抜きタップが重なってしまっています。これでは、力を受ける断面積が小さくなってしまうため、この箇所に想定以上のせん断応力がかかってしまうでしょう。このような使い方では、条件によっては力を受け続けることで破断してしまう可能性があります。ピンの外径だけでなく、内側の形状までしっかりと確認しましょう。

気をつけよう!!

図面上や3D CAD上では問題がなくても、組み立て時に高さがずれてしまう場合もあります。ピン穴が深い場合は、ピンの突き出し部分の寸法指示を忘れないようにしましょう。加工の穴の深さで突き出し量を決めてもよいのですが、そのような穴の形状にすると加工コストがかかります。現実的には、組立図上でピンの突き出し長さを指示するか、心配ならば段付きピンにするとよいでしょう(図6.6.2)。段付きピンなら確実にピンの高さが決まるので、作業による間違いもありません。ちなみにピン穴の深さは、径の3倍が目安です。必要以上に長い穴を開けないように注意しましょう。

学ぼう!

・せん断力を受けるピンの断面形状に注目しよう
・ピンの突き出し量の指示ができているか確認しよう
・不安があるなら段付きピンを使うのもあり

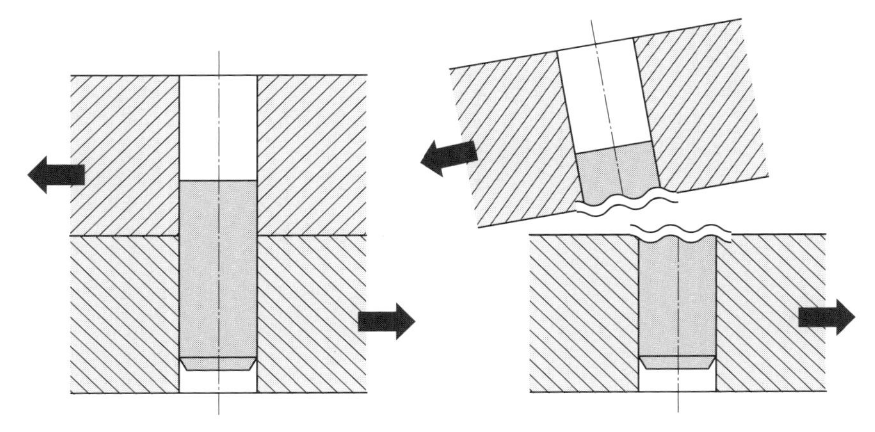

図6.6.1　思わぬピンの破断

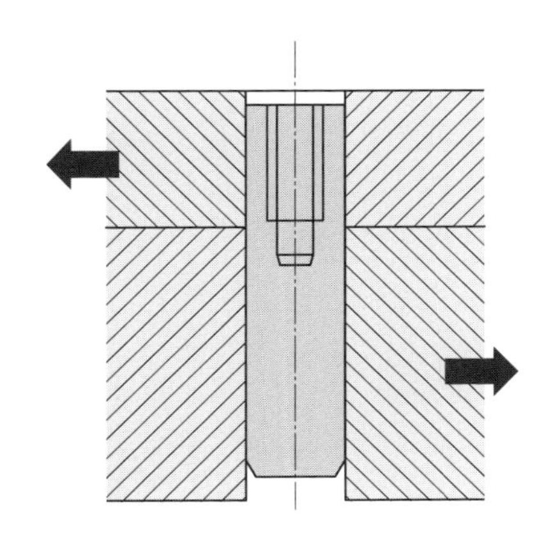

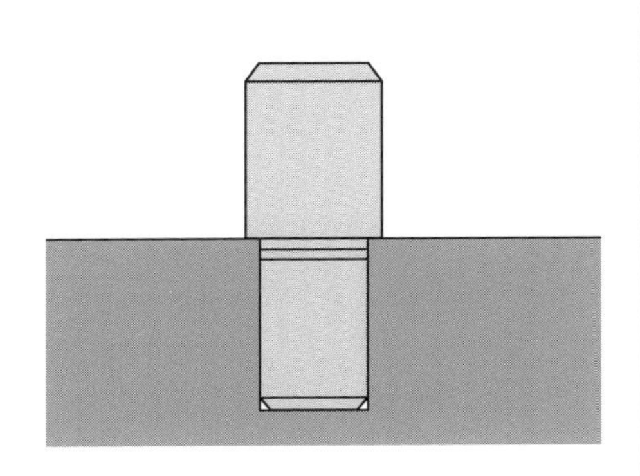

段付きピンを使う（対策例）

抜き用のタップと
せん断箇所の被り

図6.6.2　せん断荷重のかかる位置をピンとずらす！

● 強度計算をしたのに、ピンが破断してしまう失敗
● ピンの内側の形状もしっかりと確認しよう！
● ピンの突き出し長さを指示するか段付きピンを使う！

6.7 ピン編3：ピンの配置を変えたら折れてしまった！

何が起こった!?

「ピン穴を配置できる場所がなくて困っていたのですが、新しいピンの使い方を思いつきました。僕が考えた最強の位置決めだ！と思っていたのですが、ピンが折れてしまったようです。許容せん断応力としては問題ないはずなのに、なぜでしょうか？」

何が原因なの？

ピン穴が配置できないからといって、無理やり配置したケースですね。破断の主な原因は、ピンにかかる負荷の種類が変わったことにあるでしょう（**図6.7.1**）。受ける力の大きさが同じでも、力を受ける箇所が変われば、当然ピンが受ける応力も変わります。この場合、せん断力以外にもピンに対する曲げ応力が発生してしまっています。そうなると、ピンの強度計算は大きく変わってしまいます。一見すると、独自のアイデアで上手く位置決めできたように思えるかもしれませんが、推奨外の使い方には思わぬリスクが潜んでいるのです。

気をつけよう‼

「何か素晴らしいアイデアを思いついたとき、まずすべきことは『先人がなぜそれをしなかったのか』を考えることである」という格言があります。設計都合で少し変わった使い方をしたくなることはありますが、そうした使い方をしないことには理由があります。上述の例の使い方が絶対的に悪いというわけではなく、力を受けず、単に軽く位置を決めるだけであれば、十分に役割を果たすかもしれません。今回のケースは、力を受けるという前提があったにもかかわらず、何も検証せずに正しくない使い方をしてしまったことが問題です（**図6.7.2**）。特にピンはシンプルな部品なので、いろいろな使い方が可能ですが、変化の陰に失敗あり。アイデアに溺れないようにしましょう。

学ぼう！

・推奨されている使い方ではないけどアイデアを思いついた、それ大丈夫？
・新しいアイデアを思いついたら、先人がなぜそれをしなかったのかを考えよう
・変化の陰に失敗あり、基本は忠実に守りましょう

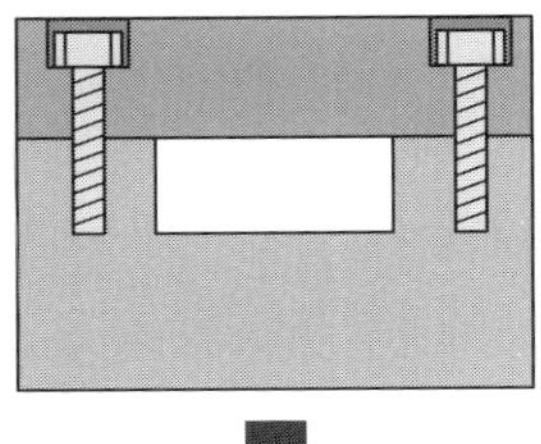

ピンを配置する
場所が無い……

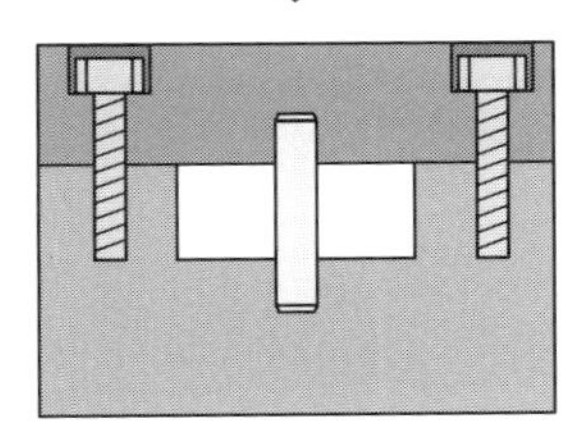

これいいじゃん!!

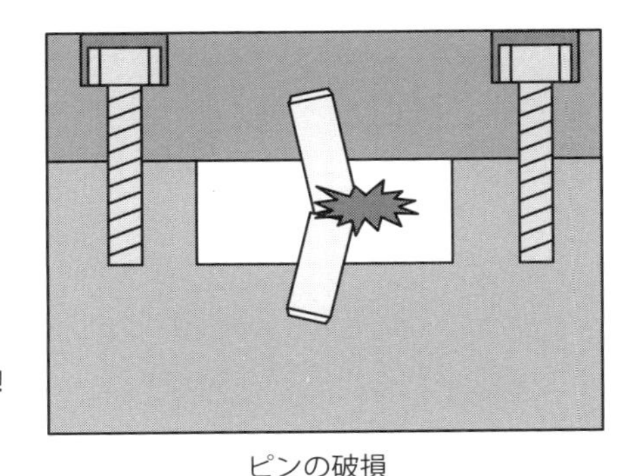

ピンの破損

図6.7.1 新しいピンの使い方？

ねじとの距離が離れたことで、
せん断だけでなく曲げる
力も掛かることに……

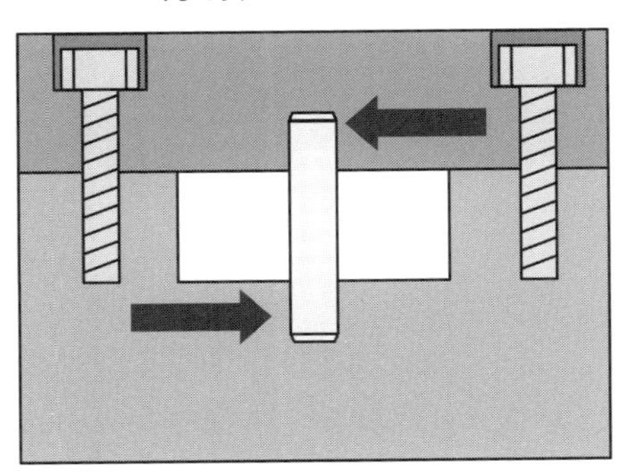

図6.7.2　普段やらない使い方には注意しよう！

- ピンの配置場所が悪かったことに起因する失敗
- 推奨外の使い方では、ピンがうける応力が変わってしまう！
- ピンは力を受けるもの、という前提を忘れずに！

6.8 リベット編1：リベットが腐食を起こしている！

何が起こった!?

「リベット締結部がだんだんゆるんでいるみたいです……。よく見るとリベット締結部分が白い粉を吹いていて、ボロボロになっているかも。これ、たぶん腐食を起こしているっぽいです。なぜここだけこんなことになってしまったのでしょうか？」

何が原因なの？

これは「電食」と呼ばれる現象です。異種金属接触腐食（ガルバニック腐食）とも言います。電食とは、異なる種類の金属が物理的に接触しているときに、雨に濡れたり湿気の多い環境にさらされると、電位差が生じて電気化学反応が起こる現象です（**図6.8.1**）。その結果、腐食が進行していきます。つまり、原因は母材に対するリベット材質の選定ミスです。

気をつけよう!!

水分や塩分の多い環境下では、母材やリベット側に耐食性があるとしても安心はできません。今回のように電食を起こして締結部が破損してしまう可能性があります。基本的な電食対策としては、締結する母材と同じ材質のリベットを使うことが推奨されます。その他には、母材側を塗装したり樹脂材料を使用したりして電気的に絶縁するなどの対策があります。また、金属同士の組み合わせによっても電位差がありますので、相性を確認する必要があります（**図6.8.2**）。必ずしも電食対策が必須というわけではありませんが、水分と接触する機会が多い箇所、塩分が多い箇所、高温多湿な箇所などでは電食が発生しやすいため、リベットを選定する際は注意しましょう。

学ぼう！

- 電食とは、材料同士の電位差によって化学反応が生じて腐食を起こす現象
- 電食は高温多湿、塩分が多い、水と接触する機会が多い箇所などで発生しやすい
- 母材とリベットの材質を合わせる、電気的に絶縁するなどの対策が必要

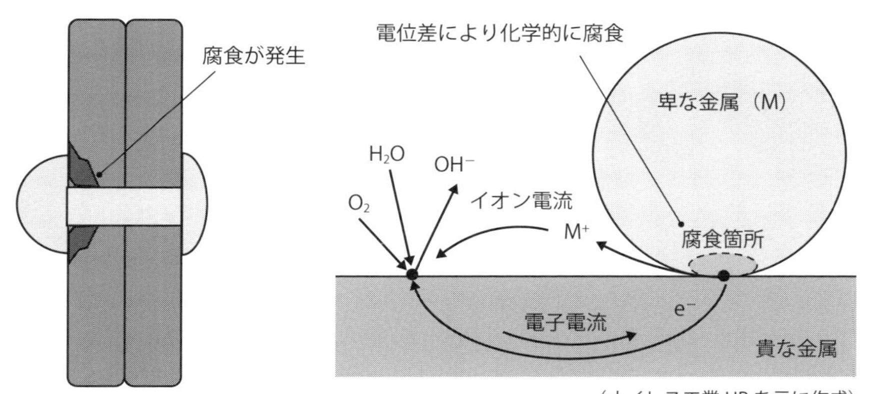

（オイレス工業 HP を元に作成）

図6.8.1　異種金属接触腐食って？

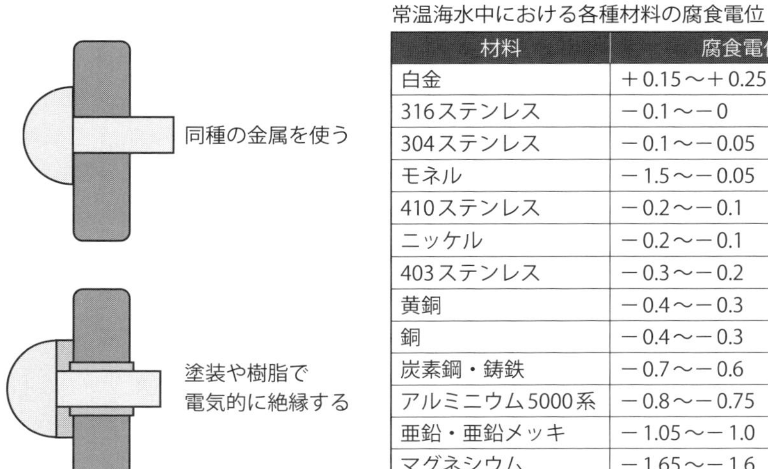

常温海水中における各種材料の腐食電位

材料	腐食電位V	
白金	＋0.15～＋0.25	貴 ↑
316ステンレス	－0.1～－0	
304ステンレス	－0.1～－0.05	
モネル	－1.5～－0.05	
410ステンレス	－0.2～－0.1	
ニッケル	－0.2～－0.1	
403ステンレス	－0.3～－0.2	
黄銅	－0.4～－0.3	
銅	－0.4～－0.3	
炭素鋼・鋳鉄	－0.7～－0.6	
アルミニウム5000系	－0.8～－0.75	
亜鉛・亜鉛メッキ	－1.05～－1.0	
マグネシウム	－1.65～－1.6	↓ 卑

電位差の相性をチェック

（ロブテックスHPを元に作成）

図6.8.2　絶縁対策をしっかり講じよう！

● リベット締結部が腐食を起こしている失敗
● 母材とリベット材質の組み合わせが重要！
● 耐食性のある素材でも油断は禁物！

6.9 リベット編2：リベットの頭の位置が揃わない！

何が起こった⁉

「リベットの頭を皿頭にしたのですが、一部で位置が合わなくて飛び出てしまいます。面がそろって見栄えが綺麗になると思ったのに、これではみっともなくてしょうがないです。引っかかって危ないし、なぜこうなってしまったのでしょうか？」

何が原因なの？

皿頭は母材表面と面が一致し、リベット特有の出っ張りがなく綺麗に締結できるのが特徴です。しかし、これにも落とし穴があります。皿頭は形がテーパー状になっているため微調整ができず、穴の位置が少しでもずれてしまうと、皿頭が微妙に出っ張ったり、母材側に不要な負荷をかけてしまうことがあります（**図6.9.1**）。これはリベットだけでなく、ボルト締結でも同じことが言えます。事前に開けた穴位置の精度が悪いと、このような現象が生じやすいのです。

気をつけよう‼

穴の位置の精度は加工によって決まりますが、リベット締結の場合、板金であることが多いです。板金加工の定番はレーザー加工かタレットパンチプレスであり、よほどのことがない限り、部品単品同士では皿頭程度に必要な位置精度は出ます。では、どのような場合に皿頭の飛び出し問題が起こるのでしょうか。それは、（**図6.9.2**）のように板金に曲げがあるときなどです。曲げ部は寸法精度がよくないので、組み上げたときに最後にしわ寄せがきて、うまく位置が合わないことがあります。皿頭を使うときは、こういう位置関係になっていないか注意しましょう。このような形で部品で締結を行う際は、一部を通常のリベットにして調整代を残すなどの対策が必要です。皿頭は綺麗ですが、融通が利かない形だと覚えておきましょう。

学ぼう

- 見栄えを意識して皿頭のリベットを使ったら、逆に見栄えが悪くなった
- 皿頭はテーパー部で位置が決まってしまうので、穴の位置精度が重要
- 部品単体同士であれば問題なし、複数部品の組み合わせのときは要注意

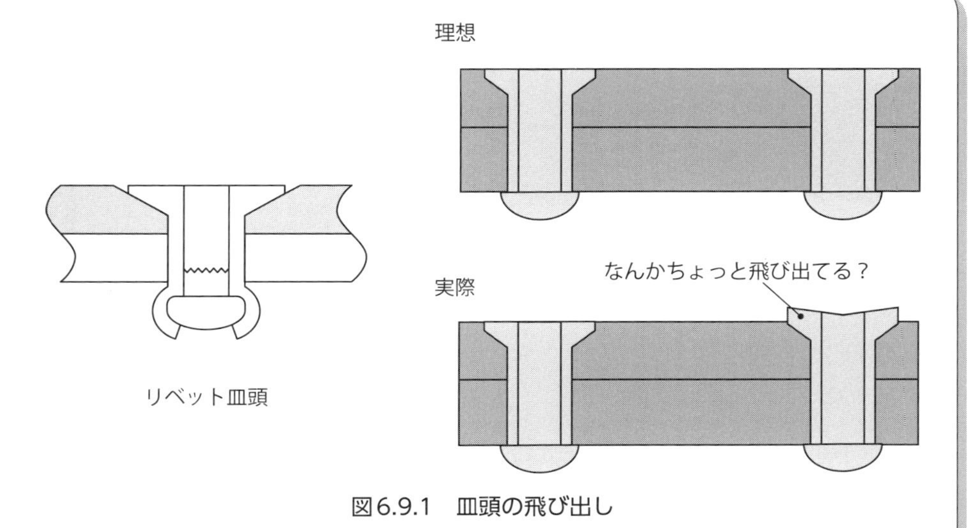

図6.9.1　皿頭の飛び出し

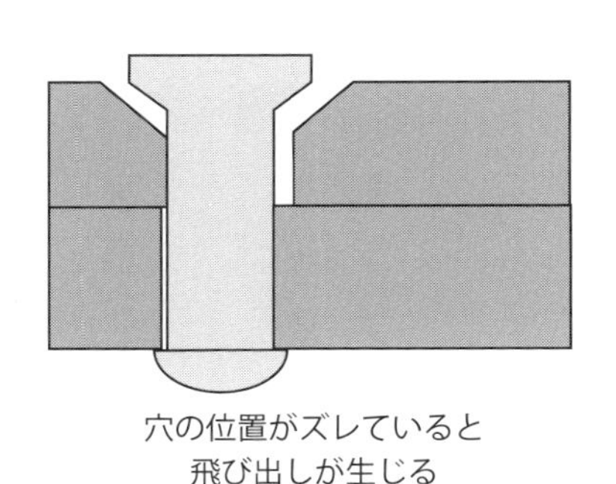

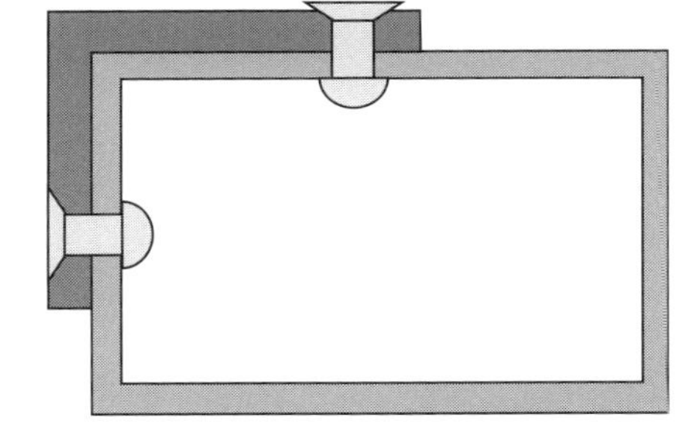

図6.9.2　ズレやすい条件に気をつけよう！

- リベットの頭を皿頭にしたら飛び出してしまう失敗
- 皿頭のリベットは後から微調整できないことに注意！
- 調整代を残すため、一部を通常のリベットにすることも検討！

6.10 カップリング編1：軸と締結していたモーターから異音が！

何が起こった!?

「リジットカップリングでモーターと軸を締結していたのですが、しばらく運転させたら突然モーターから異音が……。一体、何が起きたのでしょうか？」

何が原因なの？

カップリングで締結されたモーターからの異音の原因として最も可能性が高いのは、ミスアライメントが調整しきれていないことです（図6.10.1）。リジットカップリングはミスアライメントをほぼ吸収しないため、軸同士のズレがあると、その分の負荷をモーターや軸を支えるベアリングが受けることになります。その結果、ベアリングが破損し、異音が発生することがあります。

気をつけよう!!

リジットカップリングは、バックラッシもなく剛性が高く、かつ安価であるためカップリングとして非常に優秀です。実際、高負荷環境でかつ高精度が求められる工作機械などでは、モーター軸の締結としてリジットカップリングをよく用います。一方で、リジットカップリングを使用する場合は、モーター軸と締結する軸の芯ズレを限りなくゼロに近い状態に調整する必要があります。リジットカップリングは形状がシンプルで使いやすそうに見えますが、取り扱いには注意が必要です。ミスアライメントは目に見えない小さなズレですが、着実に機械を蝕んでいきます。ミスアライメントの現実的に調整可能な範囲をしっかりと見極め、カップリングを選定しましょう（図6.10.2）。

なお、このトラブルはリジットカップリングでなくても、ミスアライメントが正しく調整できていなければ当然発生します。設計中に組立に関して疑問が残る場合は、組立現場に聞き取り調査を行ったり、作業者にデザインレビューに参加してもらうのもよいでしょう。

学ぼう

・カップリングで締結しているモーターから突然異音が発生した
・リジットカップリングはミスアライメントを吸収してくれない
・現場の調査をしっかりと行い、現実的な調整値を見極めよう

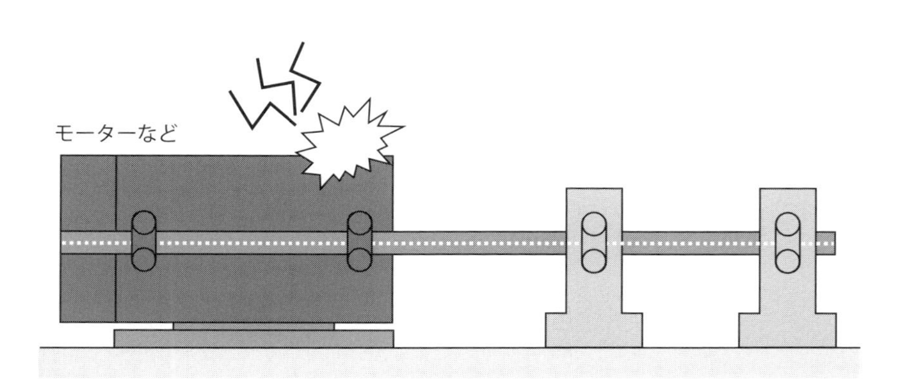

図6.10.1　モーターからの異音

（三木プーリHPを元に作成）

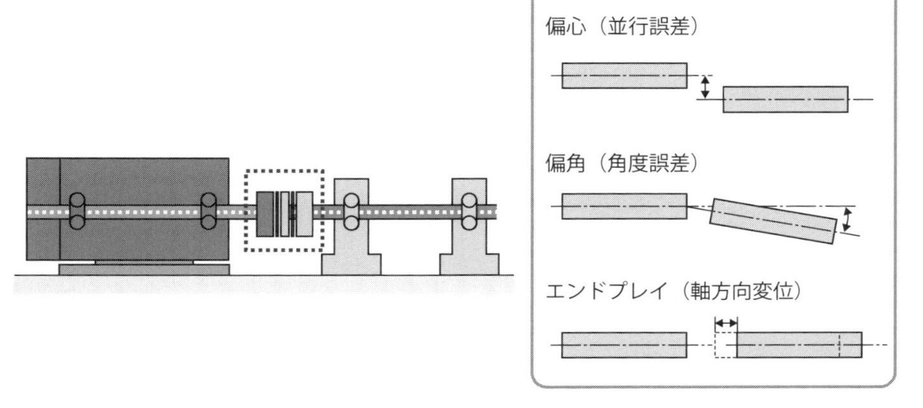

図6.10.2　ミスアライメントを適切に調整する！

（三木プーリHPを元に作成）

- カップリングとモーターの締結部から異音がする失敗
- 軸同士のズレによってベアリングが破損して起こる！
- ミスアライメントの調整は必須！

6.11 カップリング編2：ミスアライメントを調整したのにやっぱり異音が！

何が起こった!?

「ミスアライメントはちゃんと調整したし、組立記録書にも記録が残っています。それにもかかわらず、しばらくするとモーターから異音が……。これ、一体何が原因なのでしょうか？（**図6.11.1**）」

何が原因なの？

念頭に置くべきは、ミスアライメントは変化するということです。特に厄介なのが金属の熱膨張です。たとえば鉄系の材料であれば、目安として1℃温度が上がるたびに、1mあたり12μmほど寸法が変化します。締結している軸側が何らかの原因で温度が上がると、カップリングが押される形で軸が伸びてくることがあります。この方向のミスアライメントは「エンドプレイ」と呼ばれますが(6.10項)、エンドプレイを吸収できない軸の締結になっているとモーターや軸を支えるベアリングに負荷がかかり、破損する可能性があります。

気をつけよう!!

発熱によるエンドプレイの変化が懸念される軸には、エンドプレイを許容できるカップリングを選定しましょう。大まかな見方としては、まず軸回りに発熱源がないか確認します。軸の発熱の原因はおおまかに、接触している外部の発熱源からの流入、回転の摩擦による指示部からの発熱、モーターからの発熱の流入が考えられます。すべてを正確に予想することは難しいですが、大まかでよいので最大でどれくらい温度が上がりそうかを予想しましょう（**図6.11.2**）。指示部からカップリングまでの長さがわかっていれば、その温度を使って最大でどれくらい伸びそうかを算出できます。影響が出そうな場合、カップリング側でエンドプレイを許容するか、カップリングに軸の伸びが影響しないような構造にするか、検討しましょう。

学ぼう

- 組立調整では問題なかったはずなのに、モーターのベアリングが壊れてしまった
- 発熱で軸が伸びて、運転中にミスアライメントが変化することがある
- 最大でどれくらい変化するか予想して、問題がありそうなら対策を打とう

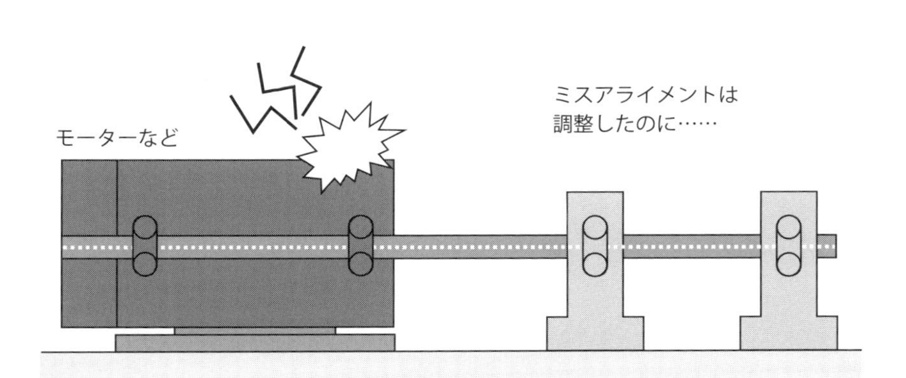

図6.11.1　モーターからの異音
（三木プーリHPを元に作成）

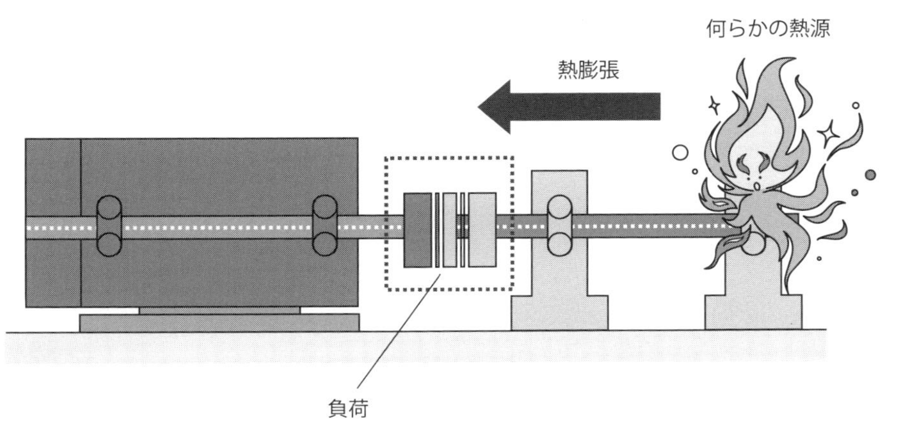

図6.11.2　熱の流入がどれくらいになるか確認！
（三木プーリHPを元に作成）

- ミスアライメントを調整しても異音が起こる失敗
- 「エンドプレイ」を吸収できないとベアリングに負荷がかかる！
- 軸回りに発熱源がないか確認しよう！

Column
6

失敗学とは？

皆さんは「失敗学」をご存じでしょうか？　これは事故や失敗の原因を解明し、同じ過ちを繰り返さないための方法を探求する学問です。失敗学の目的は、「失敗を有用に活用すること」です。なかなかユニークな学問ですよね。

そもそも皆さんは、「失敗」という言葉にどんなイメージを持っていますか？　第６章で紹介した数々の失敗を、自分が犯したものだと考えたら、決して気持ちのよいものではないでしょう。失敗には、「怒られる」「馬鹿にされる」「恥ずかしい」「知られたくない」など、ネガティブなイメージがつきまとっているはずです。そのため、人は心理的に失敗を公にしたくないと思うものです。世界中に知れ渡るような大失敗ならともかく、自分がうっかりしてしまった程度のミスであれば、わざわざ人に漏らさず、自分だけの話に留めておきたいものです。

そのため、失敗は意識的に広めない限り、共有されません。ここで、失敗を学問として体系化する「失敗学」の出番です。失敗学は、失敗をゼロにするための学問ではなく、過去の失敗から「こうすれば失敗する」という法則を学び、致命的な失敗を避けるための学問です。致命的な失敗とは、大きな被害をもたらす失敗のことです。そのような失敗を過去の事例から学び、防いでいこうというわけです。

よい失敗をし、それを知識として共有しましょう。そうすれば、どこかの誰かが同じ失敗をしなくなるでしょう。たとえば、誰かがナイフで手を切ってしまった場合、その失敗を知識として共有することで、他の誰かがナイフで指を切り落とすような大きな事故を防ぐことができるのです。

失敗には、そうした素晴らしい可能性が秘められています。失敗学に関してはさまざまな本が出版されていますので、ぜひ調べて手に取ってみてください。失敗こそ設計の財産です。

索　引

〈著者紹介〉

谷津 祐哉（やつ・ゆうや／しぶちょー）

機械メーカーに勤める現役の技術者。機械設計担当として産業機械の新製品開発に従事し、現在はAI・IoTを用いた新機能開発を担当。
個人活動としてモノづくり技術に関する情報発信を行っており、技術ブログ（しぶちょー技術研究所）・音声配信（Podcast：ものづくりnoラジオ）・SNSなどで幅広く活躍。専門家でなくても楽しめるわかりやすい解説で人気。

しぶちょー技術研究所

ものづくりnoラジオ

Xアカウント

集まれ！設計1年生　はじめての締結設計　NDC501.8

2024年11月29日　初版1刷発行　　定価はカバーに表示されております。

©著　者　谷津祐哉（しぶちょー）
発行者　井水治博
発行所　日刊工業新聞社
〒103-8548　東京都中央区日本橋小網町14-1
電話　書籍編集部　03-5644-7490
販売・管理部　03-5644-7403
FAX　03-5644-7400
振替口座　00190-2-186076
URL　https://pub.nikkan.co.jp/
e-mail　info_shuppan@nikkan.tech
印刷・製本　新日本印刷

落丁・乱丁本はお取り替えいたします。　2024　Printed in Japan
ISBN 978-4-526-08359-4　C3053